视觉成像与颜色恒常

王　飞　著

西北工業大學出版社
西　安

【内容简介】 本书带领读者走进颜色恒常性的奥秘世界，从基础理论到最新研究成果，揭示其背后的科学与哲学深层次含义。本书首先探讨了人类的视觉系统与大脑的紧密关联；然后与现代相机技术进行比对，呈现了生物与科技之间的互动；最后进一步挖掘了色彩在视觉中的独特角色，并深入分析了传统方法与现代深度学习在颜色恒常性上的创新与应用。

本书可供有关人员参考。

图书在版编目(CIP)数据

视觉成像与颜色恒常 / 王飞著. -- 西安 : 西北工业大学出版社, 2024. 9. -- ISBN 978-7-5612-9341-6

Ⅰ. TP302.7

中国国家版本馆 CIP 数据核字第 2024248LV5 号

SHIJUE CHENGXIANG YU YANSE HENGCHANG

视觉成像与颜色恒常

王飞　著

责任编辑：付高明　　**策划编辑**：李　萌

责任校对：万灵芝　　**装帧设计**：高永斌　李　飞

出版发行：西北工业大学出版社

通信地址：西安市友谊西路 127 号　　**邮编**：710072

电　　话：(029)88493844，88491757

网　　址：www.nwpup.com

印 刷 者：西安五星印刷有限公司

开　　本：787 mm×1 092 mm　1/16

印　　张：10.5

字　　数：224 千字

版　　次：2024 年 9 月第 1 版　2024 年 9 月第 1 次印刷

书　　号：ISBN 978-7-5612-9341-6

定　　价：68.00 元

PREFACE 前言

本书是一次深入探索颜色恒常性奥秘的旅程，旨在全面解析这一现象背后的科学基础和哲学意涵。颜色恒常性，一个在多变光照下保持颜色感知一致性的复杂过程，对于理解人类视觉系统和颜色认知至关重要。本书从探讨人眼与大脑如何协同工作，解码周遭环境的色彩信息开始，深入到这一过程的生物学和认知科学基础。不仅如此，本书还将视野扩展到了技术领域，特别是现代相机技术如何尝试复制人类的颜色恒常性。这一部分揭示了科技与自然界之间的互动和相互启发，展示了科技在模仿和增强我们对颜色的感知方面所取得的成就。

在此基础上，书中进一步深挖色彩在我们视觉感知中的独特地位，探讨了色彩如何塑造我们对世界的理解和体验。通过对比传统研究方法与现代深度学习技术在颜色恒常性研究中的应用，本书呈现了一个学科交叉融合的前沿视野，展示了如何通过科学创新来解答长久以来的问题。不论是对专业学者还是对色彩世界充满好奇的普通读者，这本书都能提供一个全面深入地了解颜色恒常性的机会。它不只是传递知识，更是启发思考，让读者从新的角度审视颜色在自然界和人工环境中的角色，以及这些颜色是如何被我们的大脑所解读和理解的。这本书是一次发现之旅，引领读者走进颜色的世界，探索其丰富多彩的面貌和深邃的含义。

著 者

2024年1月

目　录

第1章 引言

人类视觉系统非常奇妙，为我们提供了对世界的真实感知。周围物体反射的光线进入人眼，经过视网膜捕捉后，传递至大脑进行处理。然而，大脑如何处理这些信息在很大程度上仍是个谜。相机视觉的主要目标之一便是尝试模拟大脑处理信息的方式，但要达到与人类视觉系统相同的能力，仍需付出更多努力。

本书旨在深入探索人类视觉系统与颜色感知之间的奥秘，并探讨在计算机视觉领域如何有效地模拟和表示颜色信息。颜色是物体最为显著的特征之一，而在人类视觉系统中，颜色感知是一个快速、直观且复杂的过程。本书将涵盖颜色感知的神经生理学、心理学、光学和计算机视觉等多个方面，旨在为读者揭示颜色在人类视觉系统中的重要地位以及在计算机中如何实现颜色恒常。

1.1 什么是颜色恒常性

颜色恒常性作为人类视觉系统的神奇特性，引发了无数科学家和研究者的兴趣。尽管周围的光照条件和物体表面的特性可能时刻变化，人类的视觉系统却似乎轻松地维持了对物体颜色的稳定感知。这个复杂的过程深刻揭示了大脑和眼睛之间的精妙互动，为我们创造了一个色彩丰富且准确的视觉世界[1-3]。

人类获取颜色信息的方式源于视网膜上的细胞对光的不同波长的敏感性。锥状细胞分为三种类型，分别对应红、绿和蓝光的敏感。这些细胞根据它们对光的响应产生信号，这些信号在大脑中被综合，使我们能够感知各种色彩。然而，颜色感知不仅仅受到光谱分布的影响，还受到物体表面的反射率和光照条件的影响。尽管这些变化可能会扰乱色彩信息，人类视觉系统似乎有一种内在的趋势，能够将这些干扰降至最低，保持对物体颜色的一致性感知。

在计算机视觉领域，实现颜色恒常性是一个复杂的挑战。相机和其他图像采集设备并不具备人类视觉系统的自适应和调整能力。因此，研究人员采用了一系列技术来纠正光照变化引起的颜色偏差。其中，白平衡技术在调整图像色彩平衡方面发挥着关键作用。这种方法可以根据环境光源的色温来调整图像的色彩，从而更准确地再现真实世界中的色彩。

颜色恒常性的研究影响了多个领域。在虚拟现实（Virtual Reality，VR）和增强现实（Augmented Reality，AR）中，保持颜色一致性可以增强用户的沉浸感和真实感。在医学影像学中，颜色恒常性有助于医生准确地比较不同时间点的图像，从而更好地监测疾病的发展。此外，颜色恒常性也在艺术、设计、文化遗产保护等领域发挥着重要作用，帮助我们更真实地呈现和传达色彩信息。

长期以来，颜色恒常性吸引着很多研究者。宝丽来公司的创始人 Edwin H. Land 是颜色恒常性领域最著名的研究者之一。1959 年，他进行了一系列经典试验，得到了惊人的效果[4-6]。在此之后，他开发了第一代颜色恒常性算法。他对颜色恒常性领域产生了重大影响，为颜色恒常性算法奠定了基础。颜色恒常性的研究在理解人类视觉系统的基础上，为我们开发更智能、逼真的计算机视觉系统提供了重要的思路。随着技术的进步，我们有望更深入地探索这一现象的本质，并将其应用于更多领域，为人类创造更富有色彩的视觉体验。

1.2　颜色恒常性的发展

颜色恒常性的研究源于人类对视觉感知颜色的深入探索。科学家发现，即使在光照条件变化下，人眼对颜色的感知仍然保持稳定。这种现象，就是我们今天所说的颜色恒常性[7-8]。早在 19 世纪，科学家就已经对这一现象进行了初步的研究，尝试从物理和生理两个方面解释其原理。

20 世纪初，随着心理学和神经科学的发展，颜色恒常性的研究开始向深层次的机制探索转变。研究者发现，人脑对颜色的感知不仅依赖于物体反射的光线，还依赖于大脑对环境的解释和对过去经验的记忆。

现代颜色恒常性的研究已经涵盖了各个领域，包括物理学、生物学、心理学、计算机科学等。特别是随着计算机视觉技术的发展，颜色恒常性的研究已经从理论走向了实际应用。例如，在计算机视觉中，颜色恒常性是一个重要的研究问题，因为在实际的图像处理过程中，光照条件的变化会严重影响图像的颜色信息。

为了处理这个问题，研究者开发了一系列的颜色恒常性算法，包括色彩校正、白平衡调整、光照估计等。这些算法可以在一定程度上模拟人眼的颜色恒常性，提高图像处理的效果。

在未来,颜色恒常性的研究有望进一步深入,从而更好地理解和模拟人类视觉系统的颜色感知机制。一方面,随着神经科学和心理学的发展,我们将可能深入探索颜色恒常性的生物机制,揭示大脑如何在光照变化的环境中保持对颜色的稳定感知。另一方面,随着计算机科学和人工智能的进步,颜色恒常性在图像处理和计算机视觉中的应用将进一步扩展。现有的颜色恒常性算法将进一步优化,同时新的算法也将不断涌现,使得机器能更好地模拟人眼的颜色恒常性,提高图像处理的效果。

1.3 颜色恒常性的应用

颜色恒常性是指我们对物体颜色的感知在不同光照条件下仍保持稳定,这是一个非常重要的视觉现象。这种现象使我们能够在日常生活中准确地识别物体,尽管我们的视觉环境可能会发生剧烈变化。在科技领域,颜色恒常性的概念已被广泛应用于各种行业。

(1)计算机视觉。颜色恒常性在计算机视觉中有广泛应用。例如,物体识别和场景理解算法。如果消除光线变化的影响,识别理解相关算法将更加准确。此外,颜色恒常性也被用于光照估计、颜色转换、图像合成等任务。

(2)摄影和电影制作。颜色恒常性是现代数字摄影和视频制作中不可或缺的一部分。相机的白平衡调整和图像后期处理软件的色彩校正功能都是对颜色恒常性的应用,它们可以帮助消除光线条件变化对图像颜色的影响,从而保证图像色彩的准确性和一致性。

(3)颜色管理系统。在印刷、绘画、广告设计等领域,颜色管理系统(Color Management System,CMS)是至关重要的。CMS 通过应用颜色恒常性原理,能够确保从设计、打印到显示的整个流程中颜色的一致性和准确性。

(4)产品设计和市场营销。在产品设计和市场营销中,颜色恒常性同样非常重要。产品的颜色需要在各种光照条件下都能被准确地识别和感知,这样才能保持品牌的一致性。此外,对颜色感知的理解也帮助设计师和市场营销人员更好地理解消费者的感知和反应,从而制定更有效的设计和营销策略。

(5)艺术和绘画。在艺术和绘画中,颜色恒常性也是一个重要的概念。艺术家需要理解颜色恒常性,才能创作出逼真的作品。例如,艺术家需要考虑光照条件对物体颜色的影响,以便在画布上准确地呈现物体的颜色。

(6)增强现实(AR)和虚拟现实(VR)。随着 AR 和 VR 技术的发展,颜色恒常性的研究变得越来越重要。因为在 AR 和 VR 中,保持颜色的一致性和真实性对于提供逼真的用户体验至关重要。

(7)自动驾驶。在自动驾驶领域,颜色恒常性可以帮助车载摄像头在各种光线条件下正确地识别道路标志和其他重要信息,这对于确保驾驶安全至关重要。

(8)深度学习和人工智能。在深度学习和人工智能(Artificial Intellgence,AI)领域,颜色恒常性可以用于训练更准确的图像识别和图像理解模型。随着颜色恒常性在神经网络中的应用,未来的人工智能可能会更好地模拟人类视觉系统,提供更准确的色彩感知。

以上只是颜色恒常性在各行业中的一些应用。随着技术的进步,我们可以预见,颜色恒常性的理论和应用将会在更多领域发挥重要作用。

1.4 人类视觉和相机视觉

人类视觉和相机视觉的功能和实现有着许多相似之处,但同时也存在着许多关键的差异。这两种视觉系统在捕捉、聚焦和处理光线方面都采用了光学原理。在人眼中,晶状体的作用类似于相机的镜头,将光线聚焦到视网膜这个感光表面上。相应地,在相机中,镜头将光线聚焦到图像传感器上。

尽管两者在光学原理上有许多相似之处,但在处理视觉信息的方式和效果上,人眼和相机却存在着显著的区别。相比之下,人眼不仅仅是一个单纯的图像捕捉设备,更是一个与大脑紧密相连的高度复杂的系统。这个系统能够对视觉信息进行解析和理解,识别出图像中的形状、色彩、深度和运动等特性,以及它们的意义和上下文联系。

人眼和相机视觉之间的关系在很大程度上揭示了我们如何理解和模拟人类的视觉经验。通过深入研究人眼的结构和功能,我们能够更好地理解视觉信息的处理机制,并尝试在相机和计算机视觉技术中模拟这些功能。例如,我们可以利用深度学习等技术在相机中实现物体识别和运动检测。

同时,计算机视觉的进步也为我们提供了更深入理解人类视觉的新途径。通过模拟视觉处理过程,我们能够揭示人眼和大脑在处理视觉信息时的一些核心原理,例如颜色恒常和亮度恒常,对于目标的识别、分割、跟踪等。

人眼和相机视觉之间的互动和相互影响为我们提供了独特的视角,以便更好地理解和揭示视觉世界的奥秘。这种理解不仅可以帮助我们更有效地捕捉和解析图像,也可以推动计算机视觉和人工智能等相关领域的进步,从而开发出更智能、更有效的视觉处理设备、工具及相关应用。

1.5 本章小结

在本章中,首先介绍了颜色恒常性的基本概念,包括其定义、原理以及在人类视觉系统中的重要性;阐述了尽管光线的变化会改变物体表面反射的光,人类的视觉系统却能够保持对物体颜色的稳定感知。这一直观且复杂的现象,就是颜色恒常性。

第二节详细描述了颜色恒常性的发展历史、现状以及未来的发展趋势。从最初的物理和生理研究，到现代心理学、神经科学以及计算机科学的多学科交叉研究，颜色恒常性的研究方法和领域正在持续扩展。未来的研究将可能揭示更多颜色恒常性的秘密，并将其应用到更多实践中去。

第三节讨论了颜色恒常性在多个领域的现有应用，以及未来可能的应用。无论是在摄影和影像处理，还是在计算机视觉、颜色管理系统等领域，颜色恒常性都发挥着重要作用。随着科技的进步，其应用领域还将进一步扩展，包括增强现实、虚拟现实、自动驾驶以及深度学习等领域。

第四节将颜色恒常性的理论与实践应用结合起来，探讨了相机成像与人类视觉的关系。虽然人类视觉和相机视觉在实现和功能上存在诸多相似之处，但也存在许多关键差异。在深入理解这些差异的基础上，我们更能明白颜色恒常性在其中的重要性，以及如何更好地在相机和计算机视觉技术中应用颜色恒常性。

通过本章的学习，读者不仅能理解颜色恒常性的基本概念和原理，了解其发展历程，还能掌握其在各个领域中的应用情况，同时对相机成像与人类视觉的关系有了更深入的认识。我们希望这些内容能为读者在颜色恒常性研究和应用中提供有价值的参考和启示。

1.6 本书结构和安排

在本书的引言中，我们首先为读者铺设了一条认知之路，引导大家从颜色恒常性的基础概念入手，渐进到该领域的前沿研究。此书精心安排了各章节，力求使读者能够循序渐进地理解复杂的颜色恒常性问题。

第 1 章，我们将带领读者回到颜色恒常性的起源，详细探讨其背后的科学和哲学思考。我们还将介绍颜色恒常性在生活中的实际应用和意义，使读者能够明白为何它值得深入研究。

第 2 章，我们将从生物学角度出发，以人类的视觉系统为核心，阐述其奇妙和复杂的工作机制，让读者对人眼与大脑之间的协同工作有更直观的了解。

第 3 章，通过对比相机和人眼的成像机制，我们揭示了科技如何尝试模拟、优化乃至超越生物视觉系统，同时为读者展现现代摄影技术的魅力。

第 4 章，深化了对色彩的探索，突出色彩在视觉中的重要地位，以及其对人们情感和认知的深远影响。这一章也将涉及一些颜色心理学的知识，帮助读者理解颜色与人类情感的紧密联系。

第 5 章，是为后续章节做的铺垫，系统地介绍了颜色学的基础知识，使读者能够从更宏观的视角看待颜色恒常性。

第 6 章，对传统的颜色恒常性方法进行了全面梳理，同时介绍了一些经典算法的工作原理，为读者展现了颜色恒常性研究的历史脉络。

第 7 章，将目光转向现代的机器学习技术，展示其在颜色恒常性问题上的巨大优势和突破。此外，我们还将预测未来该领域可能的发展趋势，为读者揭示更多的研究机会。

在最后的结语中，我们会回顾整本书的内容，同时提出一些有待解决的问题和未来的研究方向。希望此书能够激发读者对颜色恒常性研究的兴趣，无论是学者、研究者，还是对视觉领域充满好奇的普通读者，都能在其中获益。

第2章 人类视觉系统

视觉信息是人类获取外界信息的主要途径，而人眼视觉系统是支持这一信息获取的基础，通过人眼获取外界的光信息，然后经视觉神经系统快速、有效地提取和解读所采集的信息，完成与外界的互动。视觉系统是人类最重要的感觉系统，人类大脑有 1/3 的皮层面积都跟视觉有关。而且人类接受的外部信息，绝大多数都与视觉有关，这些视觉信息能够影响人们的认知、决策、情感以及各种潜意识活动等。当光线刺激到人眼时，会引起人类大脑一系列复杂的生理和心理变化，这些感觉即为视觉，而大脑通过人类视觉系统来获取外界的图像等视觉信息[2]。人眼的视觉系统可以被认为是由三大部分依次链接组合而成，这三大块分别是位于人眼球后壁内部的视网膜、位于丘脑的外侧膝状体，以及大脑的视皮层区域[9]。本章内容将重点描述这三部分功能。

2.1 眼睛与视网膜

人类视觉系统的信息处理从眼睛开始。光线穿过眼睛中的晶状体，落在位于眼球背面的视网膜上。图 2.1 为人眼示意图。眼球上附着着六块眼外肌，这些肌肉可以用来将眼睛聚焦在任何目标上，还可以用来改变晶状体的形状，而晶状体的形状决定了眼睛的焦距。通过改变晶状体的形状，图像可以被聚焦在视网膜的背面。在晶状体的前面有一个由两块肌肉组成的环，称为虹膜。这个环的中心开口便是瞳孔。瞳孔的直径决定了进入眼睛的光量。一块肌肉用于扩大瞳孔，而另一块肌肉则用于缩小瞳孔。

视网膜前的结构是负责传递光线，视网膜则是将传递的光转换为电神经信号，然后再由视神经传到大脑的视觉皮层进行进一步的处理。

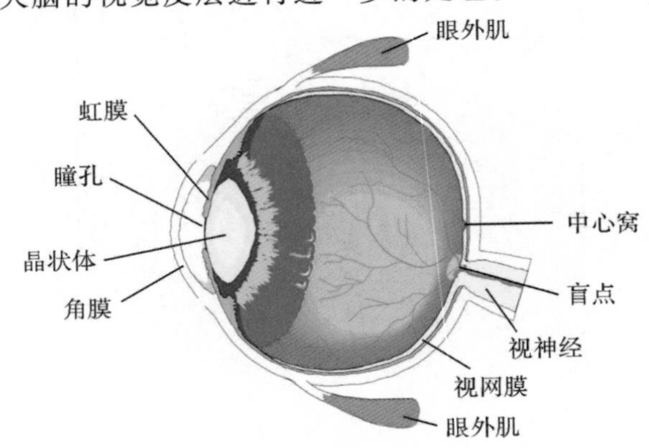

图 2.1 人眼示意图

视网膜是一层柔软而透明的膜，有感受光刺激的作用。视网膜厚度不一，一般为 0.4 mm，边缘最厚，约 0.5 mm，中央最薄，为 0.1 mm。视网膜的结构主要由三层组成，如图 2.2 所示。视网膜神经节细胞位于视网膜的顶部，然后是一层双极细胞和底部的感光细胞。入射的光线必须通过上面两层才能到达位于视网膜背面的感光细胞。感光细胞层下面有一个吸光材料，可以防止由杂散光引起的视网膜的任何漫反射。眼睛中存在两种类型的感光细胞，即杆状细胞和锥状细胞。

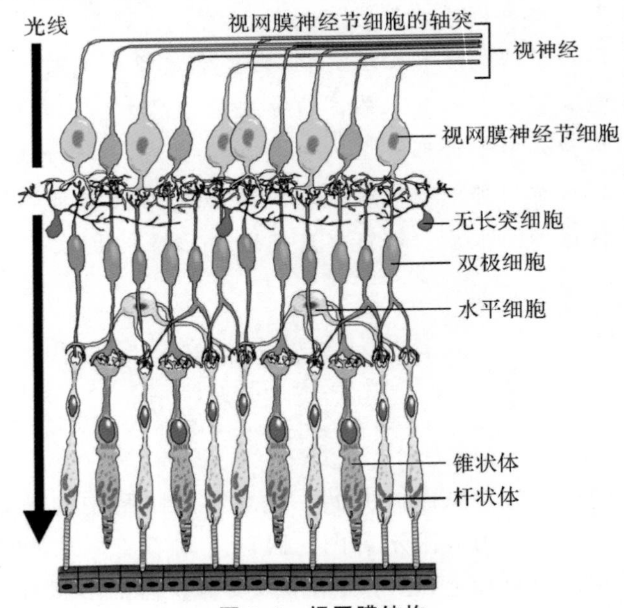

图 2.2 视网膜结构

物体反射的光经过眼的折光系统，一般会在视网膜上形成像，被感光细胞感到。感光细胞受刺激后将其刺激的形态传递到大脑，大脑的不同部分平行工作产生外部环境的概念。杆状细胞和锥状细胞分工不同，明亮的环境下，锥状细胞起主导作用，昏暗的环境下，杆状细胞起主导作用。

人和高等的灵长目动物有3种不同的锥状细胞[10-11]，缺乏红色、蓝色或绿色的锥状细胞，会导致不同的色盲。其他哺乳动物缺乏红色的锥状细胞，因此它们对颜色的分辨较差。一些鸟类，如鸽子，可以具有5种以上的锥状细胞，可以感受更丰富的颜色[12-14]。感光细胞感受到光后向双极细胞发送一个相应于光强度的、模拟信号性质的分级电位。双极细胞将这个信号继续发送给视网膜神经节细胞，最后神经节细胞产生频率与分级电位相关的动作电位调频脉冲信号从视神经传出。通过水平细胞和无长突细胞感光细胞也相互连接，再将它们的信号送到神经节细胞前就对这些信号进行加工。

感光细胞从视野范围内吸收光子，然后经一系列特殊复杂的生物化学通路，将这些信息以膜电位改变的形式进行信号传导。最后，视觉系统对这些信号信息进行处理，以呈现一个完整的视觉世界。

锥状细胞可以细分为感知红、绿、蓝的锥状细胞，也叫S短波视锥细胞、M中波视锥细胞、L长波视锥细胞，短波代表感知蓝色的，中波代表感知绿色的，长波代表感知红色的。红（L）、绿（M）、蓝（S）锥状细胞的最敏感点分别为559 nm、531 nm和419 nm，图2.3表示3种类型的锥状细胞光谱响应曲线。锥状细胞的感光机能就是感知颜色的，人眼看到的某个东西，最终经大脑还原出来物体的样子，总是由物体的形状和颜色构成的。杆状细胞最敏感点在496 nm处，其主要功能是感知光线的强弱，主要主导暗环境或夜晚的视力，但无色觉感。杆状细胞在明亮光线环境中，敏感性容易趋向饱和，光线亮度大幅增加，细胞的敏感性不会再随之大幅上涨，而是趋向稳定。我们看室内光线（强度为几百勒克斯）和室外自然光（强度为上万勒克斯），两者光强度相差是非常大的，但眼睛感受到的室外光线强度并没有比室内强很多，这正是因为杆状细胞对强光敏感性饱和了。而在暗处，杆状细胞会非常敏感，环境里稍微有一点光线，杆状细胞就可以接收到光刺激，从而看到弱光环境下事物的样子。图2.4展示了杆状细胞和锥状细胞光谱发光效率图。

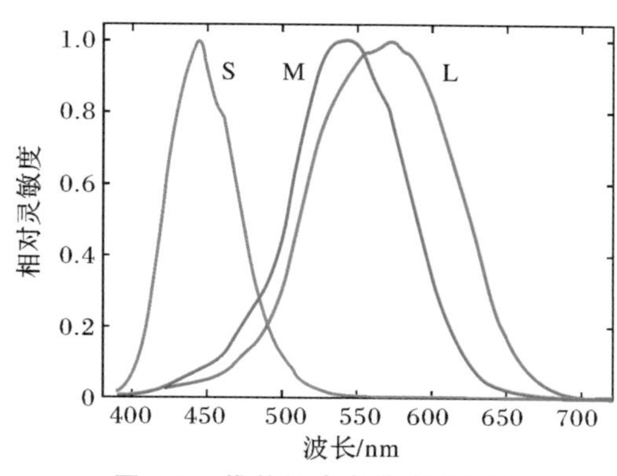

图 2.3　锥状细胞光谱响应曲线

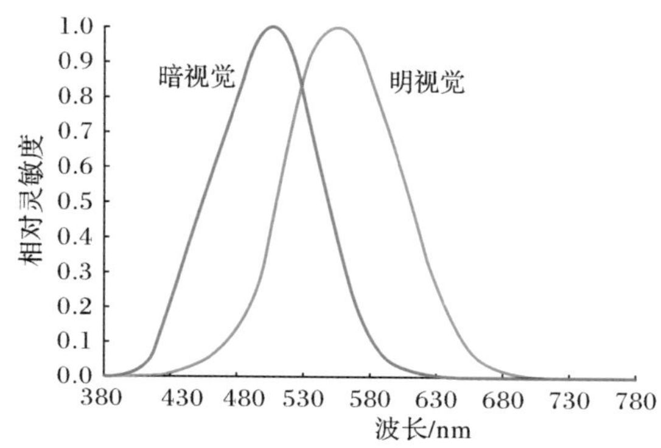

图 2.4　光谱发光效率

感光细胞感受到的是进入视网膜的光量的和，单个感光细胞所测量的总光量是所有波长的光的累积，可以用积分来计算。定义 $S_i(\lambda)$ 为三种视锥细胞的光谱响应曲线，$E(\lambda)$ 为给定波长 λ 上的单位通光量。那么，感光细胞所感受到的光量定义为

$$Q_i = \int S_i(\lambda) E(\lambda) \mathrm{d}\lambda \tag{2-1}$$

当观察无光物体表面时，通光量 E 可被视为物体反射率 R（物体反射的入射光百分比）与落在物体上的光亮 L 之间的乘积。

$$E(\lambda) = R(\lambda) L(\lambda) \tag{2-2}$$

因此，感光细胞所感受到的光量为

$$Q_i = \int S_i(\lambda) R(\lambda) L(\lambda) \mathrm{d}\lambda \tag{2-3}$$

感光细胞将信息传递给双极细胞。双极细胞又与视网膜神经节细胞的突触连接。视网膜中大约有 1.26 亿个感光细胞，其中，约有 1.2 亿个杆状细胞，600 万个锥状细胞[15]。大多数锥状细胞主要集中在正对瞳孔的视网膜中央区域内，也称为中心窝，杆状细胞分布在距中心窝 5～6 mm 的环形带内。杆状细胞和锥状细胞在视网膜分布情况如图 2.5 所示。

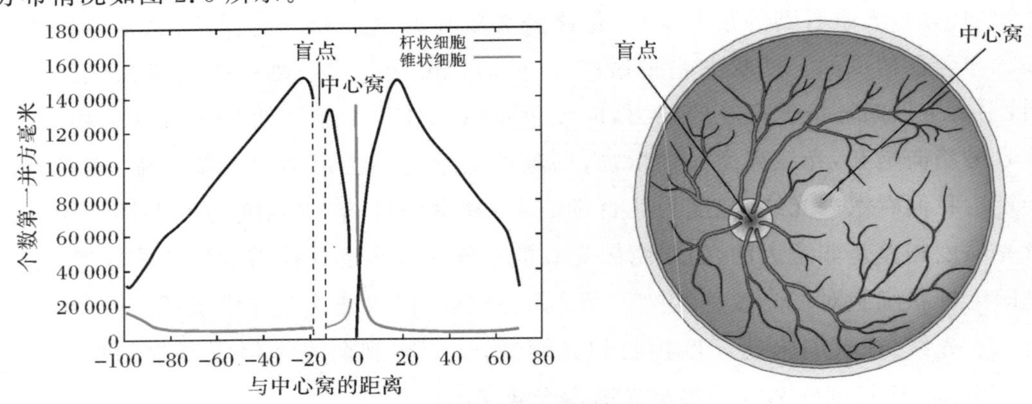

图 2.5　杆状细胞和锥状细胞分布

与周边区域相比，视网膜中心的图像分辨率要高得多，虽然视网膜上有 1.26 亿个感光细胞，但是视神经只有约 120 万根轴突，因此信息在通过神经节细胞的轴突传输之前，必须通过某种手段进行预处理，而这个预处理过程是在视网膜上进行的。

视网膜中的神经元，根据不同的形态和功能主要分为五大类：感光细胞负责光电转换；双极神经元负责接收光感受器输出的信号并传递给下游的视网膜神经节细胞，而信息从光感受器到双极细胞以及从双极细胞到神经节细胞的传递过程分别受到水平细胞和无长突细胞的调节；视网膜神经节细胞则是视觉信息在视网膜中的最后一站，其对信息进行加工整合后将电信号向下一级脑区外膝体的中继细胞进行传递。神经元之间的信息传递主要通过化学突触来完成。简单来说，前一级神经元的电活

动促使其分泌特定的化学物质(即神经递质)并作用在下一级神经元上进而引起下一级神经元电活动的变化。有的神经递质可以增强下一级神经元的电活动,有的神经递质则会抑制下一级神经元的电活动,比如双极神经元释放的神经递质可以增强神经节细胞的电活动,而无长突细胞释放的神经递质可以抑制神经节细胞的电活动。

上面这些只是最基本的情况,而视网膜中各种细胞之间的结构和功能上的连接实际上是极其复杂的,虽然这些连接遵循着一些基本的规律。每个神经元可以和多个神经元、多亚型神经元、多类型神经元形成突触连接,同时一些神经元具有释放多种化学递质的能力。另外,神经元之间除了化学突触连接之外还存在电突触等连接方式。这些情况综合起来使得视网膜神经环路呈现难以想象的复杂程度,图 2.6 展示了视网膜各神经元之间信息处理。一些研究视皮层功能的科研人员通常会假设视网膜只负责信息采集而不进行加工处理。这一点当然是有一定道理的,尤其是对于高级的生物,主要的视觉信息处理过程都集中在视皮层;同时适当地忽略次要因素也是科学研究的方法之一。但是显然,作为这样一个复杂的系统,很难想象视网膜实际的功能会只局限于简单的像素采集。

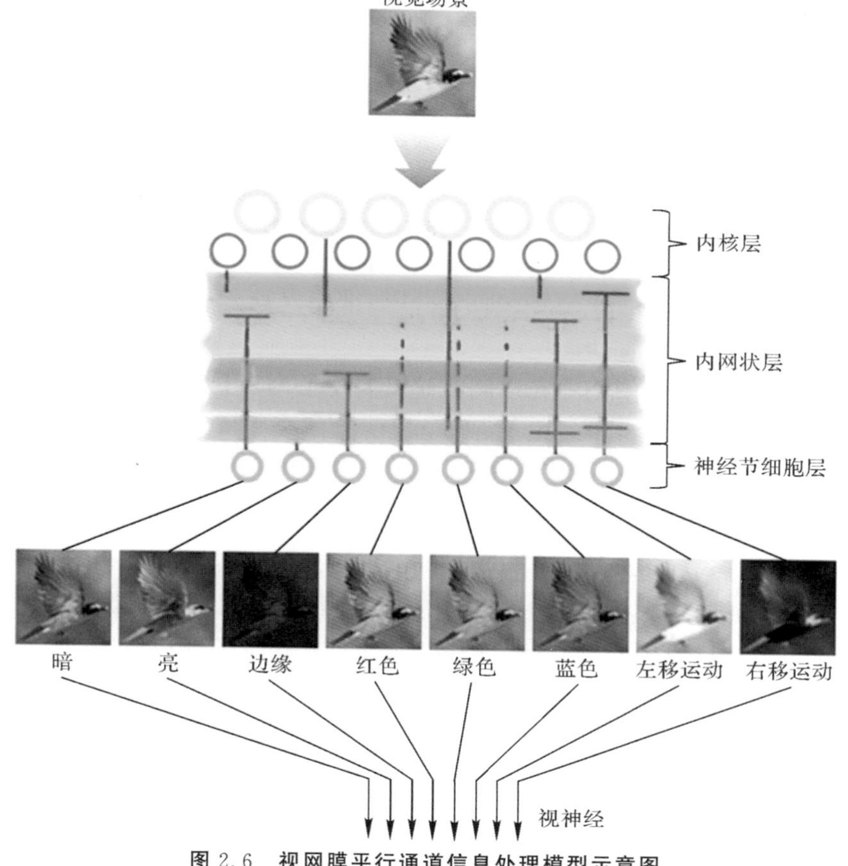

图 2.6 视网膜平行通道信息处理模型示意图

通过对视网膜功能的深入研究，在光感细胞进行光电转换将光信号转变为电信号之后，接下来一系列的神经元对这些信息进行了或多或少的加工处理，最终由神经节细胞向其他脑区传递。

在视觉通路上，视网膜上的光感受器(杆体细胞和锥体细胞)通过接受光并将它转换为输出神经信号而影响许多神经节细胞、外膝状体细胞以及视觉层中的神经细胞。反过来，任何一种神经细胞(除起支持和营养作用的神经胶质细胞外)的输出都依赖于视网膜上的许多光感受器。我们称直接或间接影响某种特定神经细胞的光感受器细胞的全体为该特定神经细胞的感受野。

1953 年，Kuffler 首次阐明猫的视网膜神经节细胞(GC)的感受野在反应敏感性的空间分布是一个同心圆。感受野一般是由中心兴奋区域和周边的抑制区域构成的同心圆结构，称为 On 型感受野，如图 2.7(a)所示；还有一类感受野是由中心抑制和周边兴奋区域的同心圆构成，称为 Off 型感受野[16]，如图 2.7(b)所示。

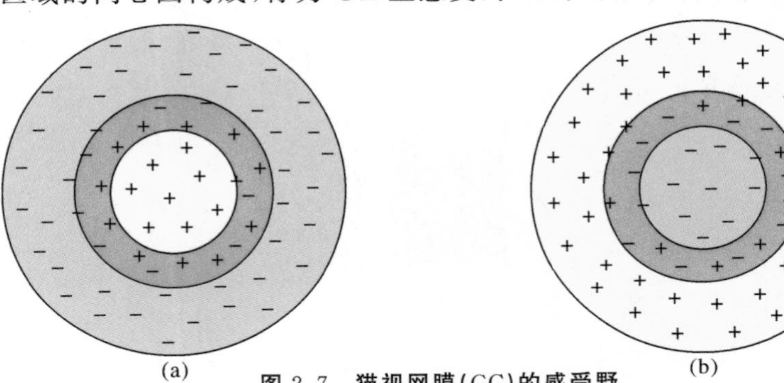

图 2.7　猫视网膜(GC)的感受野

(a)On 型；(b)Off 型

当用小光点单独刺激 On 型感受野中心时，细胞发放频率增加；当用小光点单独刺激 Off 型感受野周边时，GC 发放频率受到抑制而变低，如图 2.8(a)所示。当用面积正好覆盖 On 型感受野中心的光斑刺激感受野中心时，可以得到 GC 的最大兴奋型反应，如图 2.8(b)所示。当用面积正好覆盖 On 型感受野周边的光斑刺激周边时，得到 GC 的抑制型反应，如图 2.8(c)所示。当用大面积的弥散光照射 On 型 GC 时，它们倾向于彼此抵消，得到较弱的兴奋型反应，如图 2.8(d)所示。Rodieck 于 1965 年提出了同心圆拮抗式(Homocentric Opponent)感受野的数学模型，如图 2.9 所示，它由一个兴奋作用强的中心机制和一个作用较弱但面积更大的抑制性周边机制构成。这两个具有相互拮抗作用的机制，都具有高斯分布的性质，但中心机制具有更高的峰敏感度，而且彼此方向相反，故称相减关系，又称高斯差模型(Difference of Gaussians，DOG)。

在视觉皮层中，除了同心圆状的感受野外，还有更复杂的感受野响应特性，它们对其感受野中的特定方向的线段敏感。所有视觉通道上的神经细胞，按其感受野在一个视网膜或两个视网膜上，可分为单眼神经细胞和双眼神经细胞。所有神经节细胞、外膝体细胞和简单细胞都是单眼的，复杂细胞约有半数为单眼，半数为双眼。双眼细胞又可进一步分为右眼主导的、左眼主导的和双眼均衡的3种。

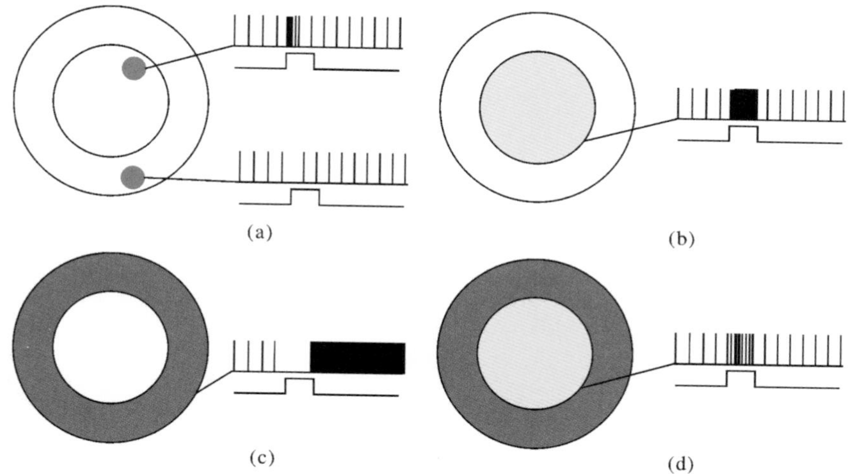

图2.8 猫视网膜GC感受野反应形式

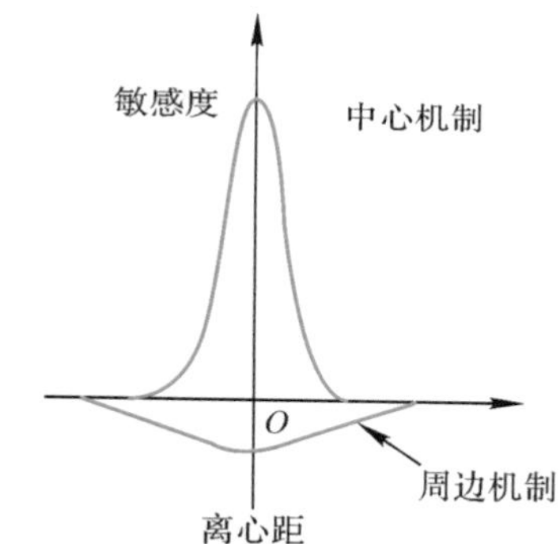

图2.9 Rodieck的视网膜感受野神经节细胞数学模型

2.2 外侧膝状体

外侧膝状体(Lateral Geniculate Nucleus，LGN)是大脑中的一个重要结构，位于丘脑内侧。它在视觉处理中起着关键作用，作为视觉信息从视网膜传递至大脑视觉皮层的中继站[17-20]。

视网膜神经节细胞投射到外膝体各层是有规律可循的。外膝体每层都与对侧视野相应的半个视网膜之间形成一定的视网膜投射图关系，即视网膜中相邻区域投射到外膝体时也是相邻或重叠的，如图2.10所示。这一点的重要性在于可以使空间位置信息在视觉信息传递的过程中得以保留。

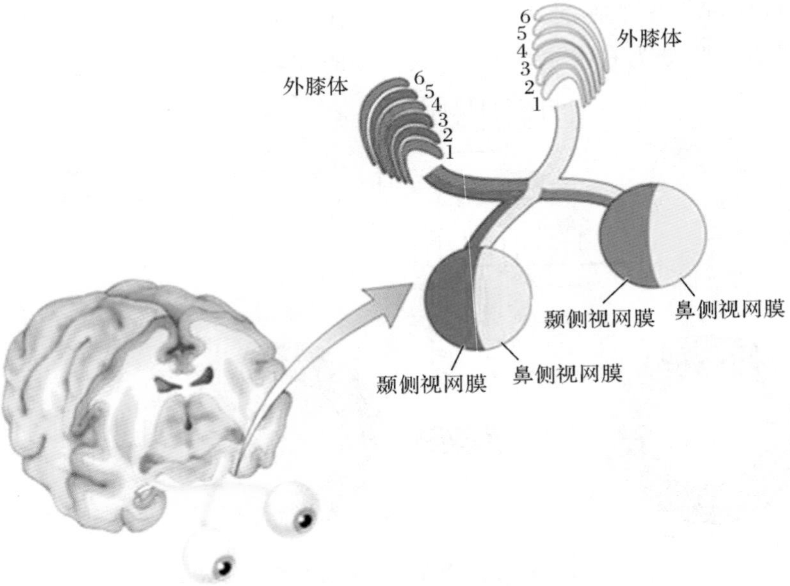

图 2.10 视网膜到外膝体投射的空间位置拓扑关系

LGN 通常分为六层，其中 1、4、6 层称为偏盲视层(magno-cellular layers)，2、3、5 层称为偏视觉层(parvo-cellular layers)。这些层次对应于不同类型的视网膜神经元，分别传递关于运动、形状和颜色的信息。

外侧膝状体在视觉信号的传输、处理和整合中起着关键作用。以下是它的主要功能：

(1)视觉信号中继。LGN 接收来自视网膜神经节细胞的信息，对这些信号进行初步处理，然后将其传递到大脑的初级视觉皮层。在此过程中，LGN 起到了视觉信息的中继和传输作用。

(2)信号处理和过滤。外侧膝状体对视觉信号进行初步的处理和过滤。这包括对信号的放大、抑制和选择性传递等。这种处理有助于大脑更有效地检测视觉环境中的重要特征，如边缘、对比度和运动。

(3)视觉信号分层。LGN 的神经元分为多个层，这些层分别处理来自两个眼睛的信息。这种分层有助于保持视觉信号的空间和时间分辨率，为后续的视觉处理提供更准确的输入。

(4)同侧/对侧视觉通路的分离。LGN 在同侧(来自同一侧眼睛)和对侧(来自对侧眼睛)视觉通路的分离中起着重要作用。这有助于大脑整合来自两个眼睛的视觉信息，形成立体视觉和空间定位。

(5)调节和整合其他大脑区域的影响。LGN 受到来自其他大脑区域(如大脑皮层)的神经投射的影响。这些投射可以调节和整合 LGN 的视觉信号处理，从而使视觉系统对不同的视觉环境和任务更具适应性。

2.3 视觉皮层

视觉皮层是大脑中处理视觉信息的重要区域之一，负责接收和处理视觉信息，使人类能够感知和理解视觉世界[21-24]。视觉皮层由多个区域组成，每个区域都具有不同的神经元类型和特定的神经元连接模式。这些区域之间相互连接，形成了一个复杂的神经回路，用于在大脑中产生视觉体验。视觉皮层的发现不仅是对神经科学和心理学领域的重大贡献，而且对人工智能和计算机视觉的研究也有着深远的影响。

2.3.1 视觉皮层的结构

视觉皮层是大脑中的一系列神经元网络，它位于大脑皮层的后部，是负责接收、处理和解释视觉信息的关键部分。视觉皮层可以分为多个层次，从前面的视觉皮层开始逐渐向后延伸，不同的视觉皮层负责不同层次的视觉信息处理和特定的视觉功能。视觉皮层可以分为多个区域，每个区域负责特定的视觉功能和特征的处理，如图2.11所示。

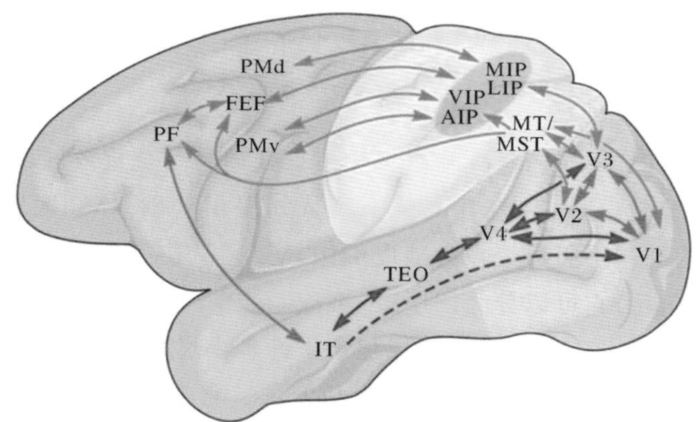

图 2.11 视觉皮层结构及通路图

以人类为例，视觉皮层可以大致分为以下几个区域。

1. 初级视觉皮层（V1 皮层）

初级视觉皮层（V1 皮层）是大脑中最早和最重要的视觉处理区域之一，也称为“视觉皮层的中心枢纽”。它是视觉信号从眼睛进入大脑的第一个处理区域，也是大脑处理和解释视觉信息的重要组成部分。V1 位于大脑中心处，又被称为枕叶视皮层。它是人类大脑中最大的视觉皮层区域，占据了大脑表面面积的 20％以上。V1 的表面呈现出一系列相互垂直的脉络，被称为线条偏好性（line preference）。这些线条垂直于皮层表面，并沿着皮层表面延伸，形成一系列称为皮层柱（cortical column）的结构。每个皮层柱大约有 0.5 mm 宽，1 000 mm 长，沿着长度方向包含多个 V1 层次。在每个皮层柱内，有 100～200 个神经元。在 V1 中，神经元分布在六个不同的层次结构中，每个层次结构具有不同的神经元类型和功能：

(1)层 1(分子层)。它是 V1 中最浅的一层，主要由一些细胞、神经胶质细胞和轴突组成。这些细胞被认为主要参与视觉信息的跨层传递和同步化。

(2)层 2/3(外侧/下侧间层)。它是 V1 中最广泛的一层，主要包含方向选择性神经元和锥形细胞。这些神经元在不同的方向上对视觉信号做出不同的响应，从而可以实现图像边缘的检测和分离。

(3)层 4(梳状细胞层)。它是 V1 中唯一一个包含梳状细胞的层次结构。梳状细胞接收来自 LGN 的视网膜输入，并进一步将其分解为方向、位置和颜色信息。

(4)层 5(内侧间层)。它主要包含宽视野神经元和轴突，这些神经元对视觉刺激的响应具有较高的复杂度。

(5)层 6(下视丘层)。它是 V1 中最深的一层，主要由一些细胞和轴突组成，这些细胞接收来自上层皮层的输入，并向下丘发送信息。

除了这六个层次结构外，V1 还包含许多其他类型的神经元，如横向抑制神经元、同向抑制神经元、拟抑制神经元等。这些神经元在不同的层次结构中起着不同的作用，但总体上，它们的功能都是促进和调节视觉信号的传递和处理。

2. 次级视觉皮层 (V2 皮层)

次级视觉皮层(V2 皮层)是大脑中视觉信息处理的一个重要区域，主要负责处理从眼睛接收到的视觉信息，为视觉的感知和认知提供基础。V2 区域的结构非常复杂，由多个不同的细胞层组成。在大脑皮层中，V2 区域位于 V1 区域(即初级视觉皮层)的后方，从前向后，它可以分为四层：

(1)层 1(小细胞层 4Cβ)。小细胞层包含了许多小尺度、高空间频率的神经元，这些神经元主要用于对细节和边缘进行加工和处理。它主要包含两种类型的神经元，即 simple 细胞和 complex 细胞。simple 细胞主要响应于方向和位置相对固定的条纹状刺激，其特点是具有明显的方向选择性和位置选择性，即只对某一特定方向和位置的刺激产生强烈的响应。与 simple 细胞不同的是，complex 细胞不仅对方向和位置相对固定的刺激产生响应，而且对刺激的大小、形状和运动方向等因素产生响应。它们的响应特点极其复杂，因此被认为是对视觉信息进行更高级别加工和处理的神经元。在 V2 的小细胞层中，虽然 complex 细胞数量比 simple 细胞少，但 complex 细胞的空间尺度和位置选择更为广泛，响应更加鲜明。

(2) 层 2(大细胞层 4Cα 和 4B 层)。大细胞层主要由大细胞和小细胞组成，其中大细胞层的细胞体积和树突长度比小细胞层的大。大细胞层分为 4Cα 和 4B 两个亚层，它们与相邻的小细胞层和深层神经元之间形成了非常复杂的联系。大细胞层主要参与方向、边缘和条纹等视觉信息的加工和处理。

(3) 层 3(深层)。这一层主要包含一些复杂细胞和方向选择性神经元,这些神经元可以对特定方向的视觉信息进行高度选择性处理。深层神经元还可以对复杂的视觉形状和运动进行分析和识别。

(4)层 4(重层)。重层是最深的一层,它主要由方向选择性神经元和复杂细胞组成,与相邻的深层神经元之间形成了复杂的联系。重层神经元可以对更加复杂的视觉信息进行分析和识别,如面部特征、物体形状和运动等。

在次级视觉皮层(V2 皮层)中,各层的神经元之间相互交织,形成了非常复杂的神经元连接网络,这些网络对于不同方向、不同宽度和不同对比度的条纹和边缘等视觉信息的加工和处理非常重要。

3. V3 皮层

V3 皮层在解剖学上位于 V1 和 V2 的侧面。V3 区域可以进一步分为 V3d(背侧 V3)和 V3v(腹侧 V3)。V3d 位于大脑皮层的背侧,接近顶叶,而 V3v 位于大脑皮层的腹侧,靠近颞叶。V3 区域接收来自 V1 和 V2 的投射,然后将视觉信息传递到其他高级视觉区域,如 V4 皮层、V5 皮层等。

4. V4 皮层

V4 皮层是视觉皮层的一个重要组成部分,位于大脑的枕叶中。V4 区域在解剖学上位于 V2 区域的前侧。V4 区域接收来自 V2 和 V3 的投射,并将视觉信息传递到其他高级视觉区域,如 V5 皮层(中颞区)等。V4 中的神经元对特定颜色、形状和纹理敏感,有助于物体识别和颜色恒常性的维持。

5. V5 皮层

V5 皮层也称为中颞区(Middle Temporal area, MT),是视觉皮层的一个关键组成部分,位于大脑的枕叶附近。在解剖学上,V5 区域位于 V1 和 V2 区域的后上方,靠近枕叶和颞叶的交界处。V5 区域接收来自 V1、V2 和 V3 的投射,并与其他高级视觉区域(如中上颞皮层)进行连接。

6. 其他视觉皮层

除了 V1 至 V5 之外,大脑中还有许多其他视觉区域,如 V6(中上颞皮层,Medial Superior Temporal area, MST)、融合脸部区域(Fusiform Face Area, FFA)、场景感知区域(Parahippocampal Place Area, PPA)、侧偏有物区域(Lateral Occipital Complex, LOC)。V6 位于大脑的枕叶部分,靠近顶叶和枕叶的交界处。MST 位于大脑的颞叶部分,紧邻 V5 区域。FFA 位于大脑的颞叶部分,紧邻融合回。PPA 位于大脑的颞叶部分,靠近海马回。LOC 位于大脑的枕叶部分,紧邻 V4 和 V5 区域。

2.3.2 视觉皮层的功能

1. 初级视觉皮层（V1 皮层）

V1 是视觉信息处理的关键区域，它的功能主要包括以下几个方面：

(1)提取基本的视觉特征。V1 通过对视网膜输入的处理，提取图像的基本特征，如边缘、方向、位置和颜色等。具体来说，V1 神经元在不同的方向上对视觉信号做出不同的响应，从而实现图像边缘的检测和分离。同时，V1 中的神经元也能够分辨不同的颜色，如红色、绿色和蓝色等。

(2)对视觉信息进行编码和解码。V1 通过对视觉信号的编码和解码来实现对视觉信息的处理。具体来说，当视觉信号进入 V1 时，神经元会对其进行编码，将其转化为脉冲列的形式，然后将其传递给其他皮层区域进行处理。当其他皮层区域需要向 V1 发送信号时，它们会将信号编码为与 V1 神经元相同的脉冲列，并将其传递给 V1，V1 通过解码这些脉冲列来恢复信号并进行处理。

(3)整合不同的视觉特征。V1 通过对不同的视觉特征进行整合来实现对复杂视觉刺激的处理。具体来说，V1 中的神经元可以对边缘、方向、位置和颜色等不同的特征进行整合，从而实现对复杂视觉刺激的编码和解码。

(4)建立视觉映射。V1 中的皮层柱是视觉映射的基本单元。每个皮层柱在视网膜中的接受野区域内对特定的视觉特征做出响应。V1 通过将不同的皮层柱之间的联系进行整合，建立整个视觉映射，从而实现对复杂视觉刺激的处理和分析。

(5)实现视觉注意力。V1 还能够实现视觉注意力。在感知环境中，人们常常只关注感兴趣的物体和特定的信息，而忽略其他无关的信息。V1 中的神经元可以通过调节其响应特性来实现对视觉注意力的控制，从而让人们更加有效地处理和分析视觉信息。

(6)实现视觉识别和辨别。V1 也能够实现对物体的识别和辨别。通过对物体的形状、大小、颜色、纹理等特征的分析，V1 可以实现对不同物体的识别和辨别。

2. 次级视觉皮层（V2 皮层）

V2 对于识别、加工和处理视觉信息起着至关重要的作用，其功能主要包含以下几个方面：

(1)方向选择。V2 层能够对视觉输入进行方向选择，通过选择特定的方向，它可以对输入信息进行进一步的处理和分析。这个过程中，V2 层会通过神经元的群体活动，对不同方向的线性特征进行加工和提取，从而能够识别出物体的方向。

(2)纹理辨别。V2 层能够通过对视觉输入的纹理特征进行分析，从而对物体进行辨别。纹理是指物体表面的细节、纹理和图案，V2 层能够识别这些纹理特征，进而将物体与其他物体区分开来。

(3)形状和轮廓的加工。V2 层能够将视觉输入中的轮廓、线条和形状进行加工和分析，从而对物体进行形状和轮廓的识别。通过对视觉信息的整合和处理，V2 层可以将不同特征集成起来，对物体进行更为准确的识别。

(4)与颜色相关的加工。V2 层能够对颜色信息进行加工和处理，这种信息在物体识别和判断过程中起着重要的作用。在视觉输入中，颜色可以为人们提供关于物体属性和特征的重要信息，V2 层能够对这些颜色信息进行分析和提取，从而对物体进行更为准确的识别和判断。

(5)对双眼视觉的整合。V2 层在对视觉输入进行处理的同时，还能够对来自双眼的信息进行整合和处理。通过对来自两只眼睛的信息进行比较和分析，V2 层能够确定物体的深度和距离信息，从而使人们能够更加准确地感知和理解物体的位置和空间关系。

(6)运动信息的加工。V2 层还能够对运动信息进行加工和处理。这些运动信息包括物体的位移、速度和加速度等。通过对这些信息的分析和整合，V2 层能够确定物体的运动轨迹和方向，从而为人们感知和理解物体的运动提供了帮助。

(7)注意力调节。V2 层还能够对注意力进行调节。在视觉输入中，注意力能够集中在特定的物体或区域上，从而使人们能够更加准确地识别和理解这些物体。V2 层能够对注意力进行调节和控制，从而帮助人们更好地集中注意力，提高视觉注意力和专注力。

(8)对复杂刺激的加工。V2 层能够对复杂刺激进行加工和处理。在现实生活中，我们所接收到的视觉信息是非常复杂和多样化的，包括不同的形状、颜色、纹理、运动等信息。V2 层能够将这些信息进行整合，从而对物体进行更为准确的识别和理解。

(9)学习和适应性调节。V2 层还能够对学习和适应性进行调节。在面对新的视觉输入时，大脑需要通过学习和适应来逐渐适应这些信息。V2 层能够对这些学习和适应过程进行调节和控制，从而使人们能够更好地适应和理解新的视觉输入。

3. V3 皮层

V3 区域在视觉信息处理中起到关键作用。其主要功能包括：

(1)运动信息处理。V3 区域对运动信息非常敏感，尤其是物体的位移和速度。V3 中的神经元能检测物体的运动轨迹，为运动物体的识别和跟踪提供基础。

(2)立体视觉处理。V3 区域参与立体视觉的处理。立体视觉是大脑通过整合来自两只眼睛的视觉信息，判断物体在空间中的深度和距离的能力。V3 区域的神经元对视差敏感，有助于确定物体在三维空间中的位置。

(3)视觉信息整合。V3 区域将来自 V1 和 V2 的信息整合，并将其传递到其他高级视觉区域。这些区域负责处理更复杂的视觉任务，如面孔识别、物体识别和场景分析等。

4. V4 皮层

V4 区域主要负责处理颜色和复杂形状信息。其主要功能包括：

(1)颜色处理。V4 区域对颜色信息的处理至关重要。V4 中的神经元对特定颜色敏感，有助于人们在复杂的视觉环境中识别物体的颜色。此外，V4 还参与维持颜色恒常性，即使光照条件发生变化，人们仍能正确识别物体的颜色。

(2)复杂形状和纹理处理。V4 区域对复杂形状和纹理的检测和识别起着重要作用。V4 中的神经元对特定形状和纹理敏感，有助于人们识别不同形状的物体和其表面纹理。

(3)视觉注意力调节。V4 区域在视觉注意力的调节中发挥作用。V4 区域与其他大脑区域，如顶叶和前额叶等，共同参与视觉注意力的控制，使人们能够在复杂的视觉环境中关注感兴趣的物体。

(4)视觉信息整合。V4 区域将来自 V2 和 V3 的信息整合，并将其传递到其他高级视觉区域。这些区域负责处理更复杂的视觉任务，如面孔识别、物体识别和场景分析等。

5. V5 皮层

V5 区域主要负责处理运动信息，特别是物体的位移和速度。其主要功能包括：

(1)运动信息处理。V5 区域对运动信息的处理至关重要。V5 中的神经元对不同速度的运动刺激高度敏感，使人们能够检测和跟踪运动物体。这有助于人们在复杂的视觉环境中识别运动物体并做出相应的反应。

(2)运动知觉整合。V5 区域参与运动知觉的整合。大脑通过整合 V5 中的运动信息，形成对物体运动的连贯感知。例如，V5 区域参与处理运动后的知觉残留(motion aftereffect)现象，即在观察运动刺激一段时间后，大脑对静止物体会产生运动错觉。

(3)运动识别。V5 区域对运动物体的识别起着重要作用。V5 中的神经元对特定类型的运动特征敏感，如速度和轨迹等，有助于人们在动态环境中识别和分类物体。

(4)视觉注意力。V5 区域在视觉注意力中发挥作用，特别是对运动物体的注意。V5 区域与其他大脑区域，如顶叶和前额叶等，共同参与视觉注意力的控制，使人们能够在复杂的视觉环境中关注运动物体。

6. 其他视觉皮层

除了 V1 至 V5 之外，大脑中还有许多其他视觉区域，它们在视觉信息处理中起到关键作用，这些视觉皮层区域协同工作，共同支持人们在复杂的视觉环境中进行物体识别、场景感知、面孔识别和空间导航。其主要功能包括：

(1) V6 区域主要负责处理视觉场景中的全局运动信息，包括自身运动和周围环境的运动。V6 区域在空间导航和自我运动知觉中发挥重要作用。

(2)MST 区域主要负责处理更复杂的运动信息，如光流(optical flow)和物体运动的三维轨迹。MST 区域在运动知觉、视觉跟踪和空间导航中发挥关键作用。

(3)FFA 区域主要负责面孔识别。FFA 中的神经元对面孔特征高度敏感，使人们能够在复杂的视觉环境中迅速识别和区分不同的面孔。

(4) PPA 区域主要负责场景识别和空间导航。PPA 中的神经元对场景特征敏感，使人们能够识别并记住不同的环境场景。

(5) LOC 区域主要负责物体识别。LOC 中的神经元对物体的形状、纹理和颜色敏感，有助于人们在复杂的视觉环境中识别和区分不同的物体。

总之，视觉皮层各个区域之间相互协调，负责从原始视觉输入中提取、分析和整合信息，使人们能够在复杂的视觉环境中进行物体识别、场景感知、面孔识别和空间导航。

2.4 本章小结

人类视觉系统是一个复杂且高效的生物传感器系统，负责将光线转化为人们可以理解和解释的视觉信息。

在本章中，详细剖析了人类视觉系统的神秘世界。从解读眼睛的复杂结构开始，探索了它如何精准地将光线转化为神经信号。随后，深入阐述了这些信号如何在视网膜中被处理，并通过视神经的道路抵达大脑。这些信息在经过外侧膝状体的初步处理和过滤后，继续前往大脑的初级视觉皮层。初级视觉皮层是视觉信息的主要处理中心，对基本视觉特征，如边缘、方向、颜色和运动进行分析。最后，这些处理后的信号将向更高级的视觉皮层区域传递，如 V2、V3、V4 和 V5，它们负责处理更复杂的视觉特征，如形状、纹理、深度等。

本章的深度探索，揭示了人类视觉系统如何将光线转化为人们可以感知并理解的世界，以及这个过程的高效性和高度复杂性。通过这些深入的解析，读者能对人类视觉系统的运作原理进行更深入的理解，为接下来理解和模拟人类视觉提供坚实的基础。

第3章 相机视觉系统

视觉是人类感知和理解外部世界的重要方式。人眼作为人类视觉系统的核心,具有非常优越的成像能力。相机视觉系统则是模仿人眼的功能,从自然界捕捉光信号,然后将其转换为可处理的数据。这种模仿并不仅仅是为了研究和理解人眼的工作原理,更是为了实现更加自然、逼真和高效的图像处理和成像技术。本章将从光学成像、图像采集、图像处理等多个方面来介绍相机的视觉系统。

3.1 成像系统的组成

如图 3.1 所示,一个相机的成像系统由光源(日光、日光灯、闪光灯等)、外界景物(像)、镜头(Lens)、图像传感器(sensor)、图像处理器(images signal processor)、存储显示及后处理单元等组成。外界景物反射光源的光到镜头中,通过镜头生成的光学图像投射到图像传感器表面上,然后转为电信号,经过 A/D 转换后变为数字图像信号,再送到图像处理器进行处理,最后传输到存储或者显示单元进行存储显示或进行后处理。

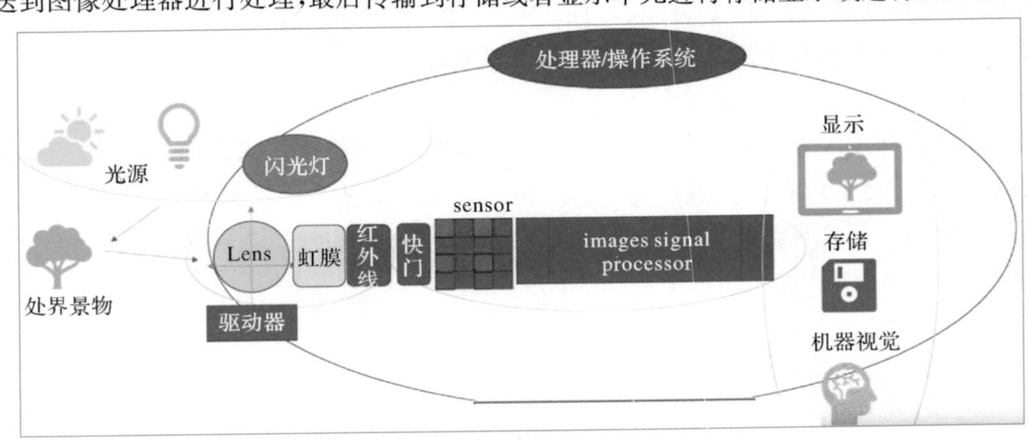

图 3.1 相机成像系统组成

3.2 光　　源

光源是光学成像中最重要的因素之一，没有光就没有像，光源直接影响相机成像系统输入数据的质量和至少 30%的应用效果。成像系统中最常见的光源为自然光(日光、月光)。自然光是一种全光谱光源，也是一种最为均匀的光源。但是，由于相机成像场景和成像时间的限制，往往需要其他人工光源来对成像系统进行补光。常用的几种可见光源是白炽灯、氙气灯、钨光灯、汞灯等，如图 3.2 所示。但是，这些光源的一个最大缺点是光能不能保持稳定。以日光灯为例，在使用的第一个 100 h 内，光能将下降 15%，随着使用时间的增加，光能将不断下降。因此，如何使光能在一定的程度上保持稳定，是实际成像系统中需要解决的问题。另外，环境光将改变这些光源照射到物体上的总光能，使输出的图像数据存在噪声，一般采用加防护屏的方法，减少环境光的影响。

此外，在工业应用中，对于某些特殊要求的检测任务，常采用 X 射线、超声波、红外等不可见光作为光源来提高特殊场景下的成像效果。

由光源构成的照明系统按其照射方法可分为背向照明、前向照明、结构光照明和频闪光照明等。其中，背向照明是被测物放在光源和相机之间，它的优点是能获得高对比度的图像；前向照明是光源和相机位于被测物的同侧，这种方式便于安装；结构光照明是将光栅或线光源等投射到被测物上，根据它们产生的畸变，解调出被测物的三维信息；频闪光照明是将高频率的光脉冲照射到物体上，要求相机的快门速度与光源的频闪速度同步，在提高补光效果的同时降低能耗。

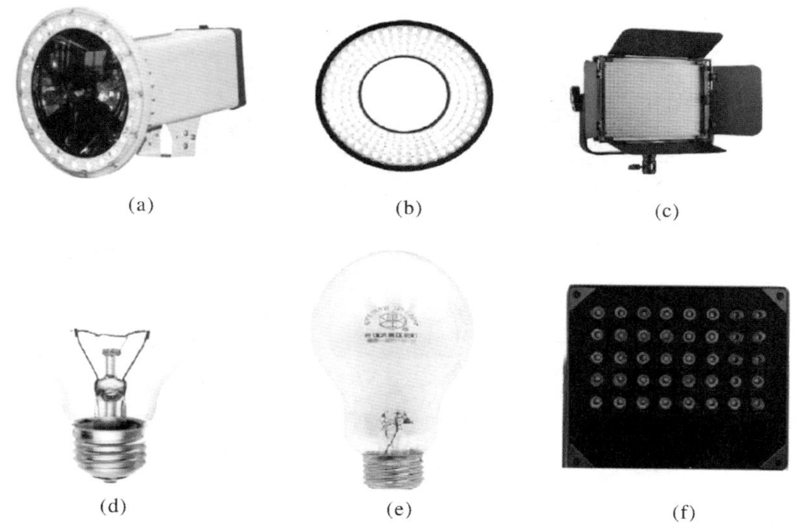

(a)　(b)　(c)

(d)　(e)　(f)

图 3.2　常见人工光源

(a)疝气闪光灯；(b)环形 LED 补光灯；(c)阵列 LED 补光灯；(d)乌光灯；(e)高压汞灯；(f)红外补光灯

3.3 镜　　头

镜头在相机成像中扮演着至关重要的角色。它的基本功能是聚焦和收集光线，并将其定向到相机的图像传感器上。镜头的设计和特性，例如焦距、光圈大小和镜片的质量，都会对成像的质量产生显著的影响。镜头与人类眼睛的工作方式有很多相似之处。例如，镜头和眼睛都使用透镜来聚焦光线，并通过改变透镜的形状（在相机中是移动透镜，而在眼睛中是通过调节晶状体）来改变焦距，以便适应不同的视距。此外，相机的光圈和人眼的瞳孔在一定程度上起到了相同的作用，都是通过调节打开的大小来控制进入光线的数量。

然而，尽管有许多相似之处，但镜头和人眼在处理光线时也存在一些关键的区别。一个显著的区别是，相机镜头通常是静态的，只能通过机械方式改变焦距和光圈大小，而人眼则能够动态地调节晶状体的形状和瞳孔的大小以适应不同的视觉环境。此外，人眼具有极高的动态范围，可以在从非常明亮到非常暗的环境中看清楚，而相机镜头通常在处理极端亮度条件时面临更多的挑战。

镜头是用以成像的光学系统，由一系列光学镜片和镜筒所组成，每个镜头都有焦距和相对口径这两个特征数据。镜头的主要功能为收集被照物体反射光并将其聚焦在图像传感器上。镜头依据焦距可分为定焦镜头、标准镜头、长焦镜头、广角镜头、鱼眼镜头、变焦镜头、微距镜头等。常见镜头如图 3.3 所示，第一行为常见的摄影镜头，第二行为常见的安防监控镜头。

图 3.3　常见镜头

(a)定焦镜头；(b)变焦镜头；(c)广角镜头；(d)手动变焦镜头；(e)电动变焦镜头；(f)鱼眼镜头

(1)定焦镜头。顾名思义,定焦镜头没有变焦功能。定焦镜头的设计相对变焦镜头而言要简单得多,但一般变焦镜头在变焦过程中对成像会有所影响,而定焦镜头相对于变焦镜头的最大优点就是对焦速度快,成像质量稳定。不少拥有定焦镜头的相机所拍摄的运动物体图像清晰而稳定,对焦非常准确,画面细腻,颗粒感非常轻微,测光也比较准确。

(2)标准镜头。标准镜头通常是指焦距在40~55 mm之间的镜头,它是所有镜头中最基本的一种镜头。标准镜头给人以记实性的视觉效果画面,因此在实际的拍摄中,它的使用频率是较高的。但是,从另一方面看,由于标准镜头的画面效果与人眼视觉效果十分相似,故用标准镜头拍摄的画面效果又是十分普通的,甚至可以说是十分“平淡”的,它很难获得广角镜头或远摄镜头那种渲染画面的艺术性效果。因此,要用标准镜头拍出生动的画面是相当不容易的,即使是资深的摄影师,也认为用好用活标准镜头并不容易。但是,标准镜头所表现的视觉效果有一种自然的亲近感,用标准镜头拍摄时与被摄物的距离也较适中,因此在诸如普通风景、普通人像、抓拍等摄影场合使用较多,最常见的纪念照更是多用标准镜头来拍摄。另外,拍摄者往往容易忽略的是,标准镜头还是一种成像质量上佳的镜头,它对于被摄物细节的表现非常有效。

(3)长焦镜头。长焦镜头视角在20°以内,焦距可达几十毫米甚至上百毫米。长焦镜头又分为普通远摄镜头和超远摄镜头两类。普通远摄镜头的焦距长度接近标准镜头,而超远摄镜头的焦距却远远大于标准镜头。以135照相机为例,其镜头焦距在85~300 mm的摄影镜头为普通远摄镜头,300 mm以上的为超远摄镜头。长焦镜头的焦距长,视角小,在底片上成像大,因此在同一距离上能拍出比标准镜头更大的影像,适合于拍摄远处的对象。由于它的景深范围比标准镜头小,所以可以更有效地虚化背景突出对焦主体,而且被摄主体与照相机一般相距比较远,在人像的透视方面出现的变形较小,拍出的人像更生动,因此人们常把长焦镜头称为人像镜头。但长焦镜头的镜筒较长,质量大,价格相对来说也比较高,而且其景深比较小,在实际使用中较难对准焦点,因此常用于专业摄影。

使用长焦距镜头拍摄,一般应使用高感光度及快速快门,如使用200 mm的长焦距镜头拍摄,其快门速度应在1/250 mm/s以上,以防止手持相机拍摄时照相机震动而造成影像虚糊。在一般情况下拍摄,为了保持照相机的稳定,最好将照相机固定在三脚架上,无三脚架固定时,尽量寻找依靠物帮助稳定相机。

(4)广角镜头。广角镜头是一种拍摄视野比普通镜头更宽的镜头。广角镜头的焦距通常小于50 mm,视场角度超过70°。具体来说,全幅(35 mm)相机上的广角镜头焦距通常小于35 mm,而在非全画幅尺寸的相机上,广角镜头的焦距则通常小于24 mm。

广角镜头的主要特点是它可以提供比标准镜头更广阔的视野,使得摄影师可以在相同的拍摄距离下拍摄到更多的画面。这在需要捕获宽阔景色(例如风景摄影、建筑摄影)或者在空间有限(例如室内摄影)的情况下非常有用。广角镜头还有一个特点是它们通常有很大的景深,即画面中大部分内容都可以保持清晰。

广角镜头也有一些缺点。首先,在广角镜头拍摄的照片中,物体和背景之间的距离会被拉大,物体可能会显得比实际小。其次,由于视场的扩大,广角镜头在边缘部分可能会出现明显的畸变,特别是在拍摄直线或几何形状时。这种畸变在一些镜头中可以通过镜头校正或后期处理来减轻。总的来说,广角镜头是一种非常实用的工具,尤其在风景、建筑、室内和街头摄影以及安防监控中。

(5)鱼眼镜头。鱼眼镜头是一种超广角镜头,通常是指镜头焦距在 1.2～16 mm 之间的镜头,可以提供超过 180°的视野,这在其他类型的镜头中是无法做到的。鱼眼镜头的名称来源于这种镜头的视野和鱼在水中的视觉效果相似。这种镜头能捕获极其广阔的视野,但同时也会产生显著的视觉失真,特别是图像的边缘。

鱼眼镜头的特点之一是它的极度扭曲,尤其是在画面边缘。这种扭曲可以使静物或人物的形状变得有趣,而且还能为画面增添动态效果。另外,鱼眼镜头可以捕获令人惊叹的全景照片,这在安防监控领域十分有用,后期可以通过图像处理手段将图像展开,以低成本的方式替代多个监控摄像机。

鱼眼镜头的另一个显著特性是它的短焦距,这使得它在近距离拍摄时能产生极大的景深。在某些情况下,这种镜头可以产生几乎无限的景深,从摄像机镜头到无限远处的所有物体都能保持清晰。

(6)变焦镜头。变焦镜头是一种可以改变焦距的镜头,这使得拍摄者可以在不更换镜头的情况下获得不同视野的照片。这种灵活性使得变焦镜头在各种拍摄环境中都非常有用,特别是在需要快速调整画面的场景,如新闻摄影、体育摄影,或者旅游和户外摄影等。

变焦镜头的一个主要优点是它的便利性。例如,使用一只 18～200 mm 的变焦镜头,拍摄者可以轻松地拍摄广角风景,也可以迅速转换为远距离拍摄。这省去了频繁更换镜头的麻烦,也降低了镜头受到灰尘污染的风险。但变焦镜头通常比定焦镜头更重、更大。其次,由于设计和制造上的复杂性,变焦镜头的画质往往不如定焦镜头。此外,多数变焦镜头的最大光圈会随着焦距的增大而减小,这在低光环境下可能会限制其使用。

(7)微距镜头。微距镜头也称为微距摄影镜头,是一种专门设计用来进行近距离拍摄的镜头,能够获得物体的高度放大图像。它们被广泛应用于拍摄小到昆虫、花瓣、水滴等的微观世界的细节,这些细节往往难以用肉眼观察到。

微距镜头的一个关键特性是其能够实现 1∶1的放大比例,即在图像传感器上产生的影像大小与物体的实际大小一致。这意味着,使用微距镜头拍摄的图像在放大后可以呈现出惊人的细节。

微距镜头的焦距通常在 60～200 mm 之间。较短的焦距提供较大的深度,适合拍摄较大的物体或是需要更大景深的场景。而较长的焦距则可以提供更小的视场和更浅的景深,这对拍摄小型物体或者需要突出主体、模糊背景的微距摄影有很大的帮助。

在实际使用微距镜头拍摄中,因为微距摄影的景深非常浅,所以精确地对焦变得尤为重要。此外,因为拍摄距离很近,可能会影响到拍摄物体或改变光线条件,所以可能需要额外的照明设备和稳定的摄影环境。最后,由于拍摄的对象往往非常小,细微的相机震动都可能影响到图像的清晰度,因此通常需要使用稳定设备。

3.4 图像传感器

图像传感器(Sensor),作为相机中的光电转换组件,其核心作用不仅限于将捕获的光线转换为电信号,它还必须对这些信号进行初步的处理和组织,以创建人们所熟知的数字图像。在图像传感器上,一排排精细排列的像素单元等待着被光线激活,每一个像素都负责检测其各自的部分光线,共同构建出一幅完整的图像。图像传感器是相机成像的心脏,其性能直接影响了相机的成像质量。无论是拍摄静态画面还是动态场景,无论是日间还是夜间,无论是艺术摄影还是科学研究,图像传感器都发挥着至关重要的作用。

目前常见的图像传感器主要有两种,即电荷耦合器件(Charge Coupled Device,CCD)和互补金属氧化物半导体(Complementary Metal Oxide Semiconductor,CMOS)图像传感器,如图 3.4 所示,从左到右分别为 SONY ICX625 500 万像素 CCD 传感器、SONY IMX307 200 万像素 CMOS 图像传感器、SONY IMX291 200 万像素 CMOS 图像传感器。

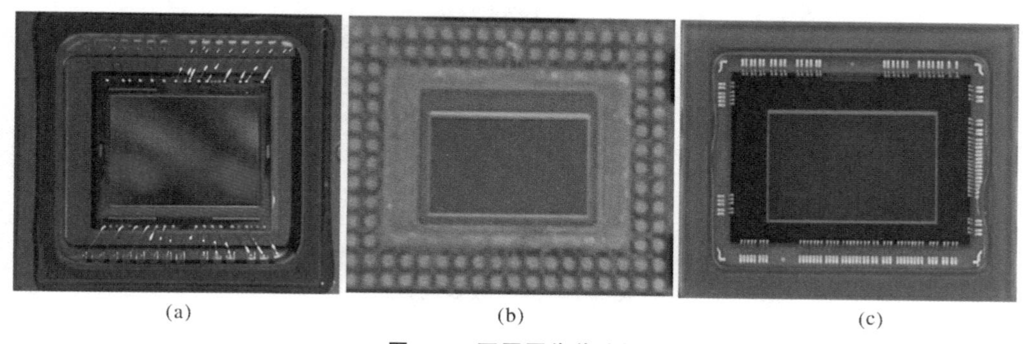

(a) (b) (c)

图 3.4 不同图像传感器

(a)CCD ICX625;(b)CMOS IMX307;(c)CMOS IMX291

CCD 图像传感器在光照下产生电荷,然后通过电荷耦合的方式,像素逐个将这些电荷转移到传感器的边缘,进而转换成电压,再通过模数(A/D)转换器转换为数字信号。CCD 图像传感器以其优异的图像质量、良好的颜色再现性和低噪声而闻名,但是高功耗、读取速度慢以及生产成本高也是其主要限制。

CMOS 图像传感器的每个像素点上都有自己的电荷转电压的放大器，这样每个像素的电荷可以在像素点上直接转换为电压，然后再由 A/D 转换器转换为数字信号。这种方式避免了电荷的移动过程，因此速度更快，功耗也更低。但是，每个像素点都有自己的放大器，可能会导致像素间的差异，从而影响图像质量。

3.4.1 CCD 图像传感器

1. CCD 图像传感器的发展历史

CCD(电荷耦合器件)是一种重要的模拟集成电路。它的发明可以追溯到 1970 年，当时贝尔实验室的威拉德·博伊尔(Willard S. Boyle)和乔治·史密斯(George E. Smith)发明了这种设备。他们的这项发明，使得 CCD 开始在电子计算机中用于数据存储。到了 1975 年，仙童半导体公司(Fairchild)的 Michael Tompsett 首次将 CCD 应用于视频相机。他发现，CCD 不仅能存储数据，还能将光线转换为电信号，从而用于成像。这使得 CCD 开始进入图像传感领域。

自那时以来，CCD 的技术在图像传感领域不断发展，逐渐在各类高端相机、专业摄像头、科研设备、医疗设备中得到广泛应用。这主要是因为 CCD 具有图像质量高、噪声低、颜色再现性好等优点。

2. CCD 图像传感器的工作原理

CCD 图像传感器的成像原理也基于光电效应[25,26]，其成像过程涉及几个重要的步骤，如图 3.5 所示。

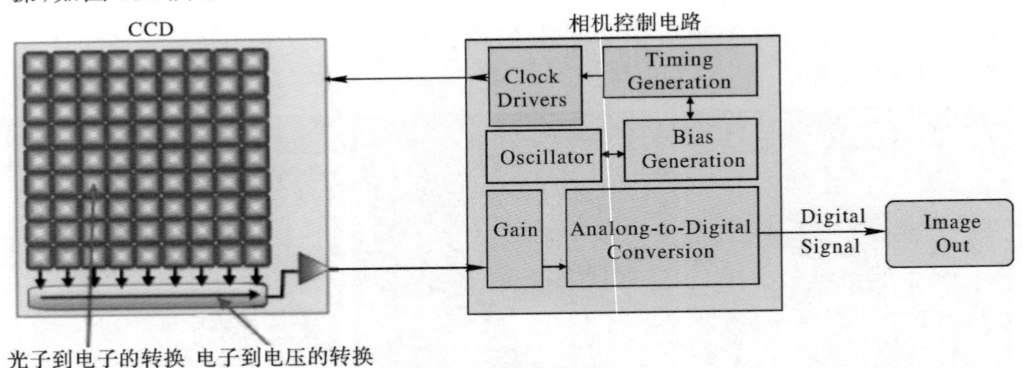

图 3.5 CCD 成像电路

(1)光照和光电转换。当光线通过相机镜头射到 CCD 图像传感器的表面，被像素单元的光电二极管吸收。光电二极管将吸收的光能转换为电荷，生成的电荷的数量与照射到像素上的光线强度成正比。

(2)电荷储存。这些生成的电荷被储存在各自的像素单元中，形成一个电荷图像。每个像素单元储存的电荷量表示了其对应的图像点的亮度。

（3）电荷传输。CCD 图像传感器的一个关键特性是其独特的电荷传输方式。CCD 图像传感器将像素单元中储存的电荷通过电荷耦合的方式，一列一列地传输到传感器的边缘。这一过程需要精确的时序控制，以确保电荷正确无误地从一个像素传输到下一个像素。

（4）电荷转电压。在传感器的边缘，电荷被转换为电压信号。这个过程通常由一个或几个专用的转换电路完成。

3. CCD 图像传感器的优点

（1）图像质量高。CCD 在图像质量上有明显的优势。因为 CCD 将所有的电荷集中处理，所以能提供比 CMOS 更高的图像质量。尤其在颜色再现性和噪声控制上，CCD 有更优的表现。在低光照情况下，CCD 的性能更为出色。

（2）全局快门。CCD 一般使用全局快门，这意味着所有像素都在同一时间开始和结束曝光。这样可以避免由于时间差异造成的图像失真，对于拍摄快速运动的物体，这是一个重要的优点。

4. CCD 图像传感器的缺点

（1）功耗高。由于 CCD 的工作方式需要在整个传感器上移动电荷，所以其功耗较高。这使得 CCD 不太适合在电池寿命、热量管理等方面要求严格的设备中使用。

（2）读取速度慢。CCD 图像传感器需要按顺序读取每个像素的数据，这个过程不能并行进行，因此其读取速度相对较慢，无法用于高速图像的采集。

（3）成本高。CCD 的制造过程比 CMOS 复杂，需要更高的精度和制造成本。同样像素的 CCD 图像传感器的价格要比 CMOS 贵几十甚至几百倍。

3.4.2 CMOS 图像传感器

1. CMOS 图像传感器的发展历史

CMOS（互补金属氧化物半导体）图像传感器的历史可以追溯到 20 世纪 60 年代，当时为了满足早期计算机内存的需求，人们开始研发这种技术。然而，直到 20 世纪 90 年代，CMOS 图像传感器才开始在成像设备中使用，因为在这之前，CMOS 图像传感器的性能一直无法与 CCD（电荷耦合器件）图像传感器相媲美。

进入 21 世纪后，随着制程技术的提升和设计思路的改进，CMOS 图像传感器的图像质量得到了极大的提升，噪声得到了控制，而且功耗低，成本相对低廉，其制程与主流的计算机芯片制程相同，这些优势使得 CMOS 图像传感器得到了广泛的应用，尤其是在手机、网络摄像机以及消费级别的数码相机中，它已经成为主流的图像传感器。

2. CMOS 图像传感器的工作原理

CMOS 图像传感器的成像原理基于光电效应和半导体技术[27,28]。其核心部分包括像素单元阵列，每个像素单元中都包含一个光电二极管或者光电晶体管，以及其他电路元件，如转换电路、放大电路和读取电路等，成像电路如图3.6所示。下面是具体的成像过程：

(1)光照和光电转换。在光照条件下，光线通过相机镜头射到CMOS传感器上，被像素单元的光电二极管(或者光电晶体管)吸收。光电二极管会将吸收的光能转换为电荷，电荷的数量与照射到像素上的光线强度成正比。

(2)电荷转电压。吸收的光线转换成的电荷被储存在像素单元内部，等待被转换为电压。这个过程由每个像素单元的转换电路完成。这是CMOS图像传感器的一个重要特性，即每个像素单元都包含自己的转换电路，能够将电荷直接转换为电压。

(3)电压放大和读取。像素单元中的放大电路将转换成的电压信号放大，然后通过读取电路读取。这个过程也是在每个像素单元内部独立进行的。

(4)模数转换和图像生成。最后，放大的电压信号通过模数(A/D)转换器转换为数字信号，然后被送到图像处理器进行处理和编码，生成最终的数字图像。

需要注意的是，相比于CCD，CMOS图像传感器中的每个像素单元都可以同时或者独立地进行上述操作，因此CMOS图像传感器的读取速度快，功耗低，而且可以实现像素级别的信号处理，如像素级别的自适应增益控制、动态范围扩展等。

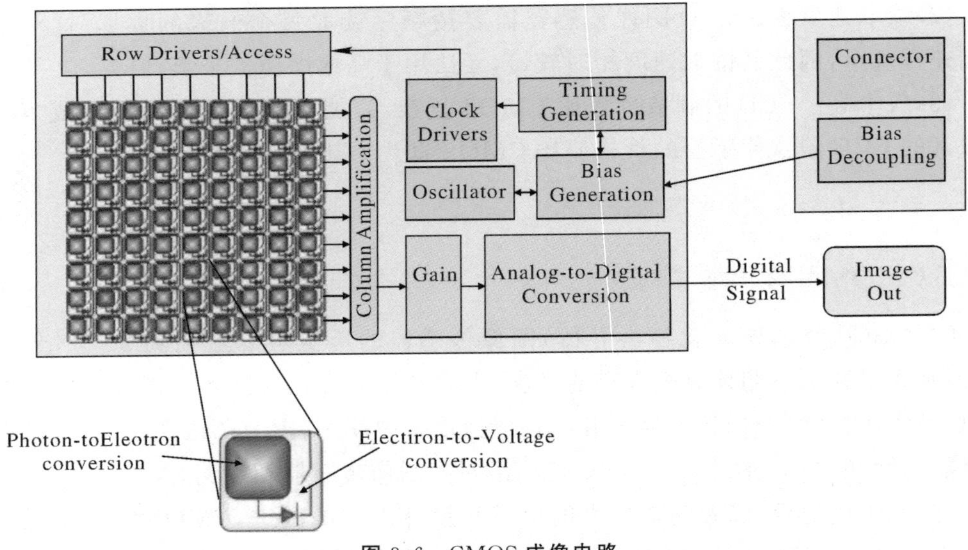

图3.6 CMOS成像电路

3. CMOS图像传感器的优点

(1)低功耗。由于CMOS图像传感器不需要通过电荷耦合的方式将电荷传输到读取电路，所以功耗更低。

(2)高速读取。每个像素点都有自己的放大器和读取电路，可以同时或者随机读取图像数据，因此数据读取速度快。

(3)高集成度。CMOS 图像传感器可以在同一块芯片上集成其他电路，如 A/D、处理器等，这有助于减小体积和降低成本。

(4)低制造成本。CMOS 图像传感器的制造工艺与主流的计算机芯片制程相同，可以借助已有的半导体生产线，因此成本相对较低。

4. CMOS 图像传感器的缺点

(1)图像质量易受影响。由于每个像素都有自己的放大器和读取电路，可能会导致像素间的差异，从而产生固定图案噪声，影响图像质量。

(2)光效应益低。由于每个像素点上需要放置放大器和读取电路，这减少了像素感光面积，从而降低了光效应益，影响了低光照条件下的成像效果。

(3)图像曝光不一致。绝大多数 CMOS 传感器设计都是卷帘式快门，成像过程中，整个图像曝光是不一致的，在拍摄运动物体时候，会产生变形。

然而，随着技术的不断发展，CMOS 图像传感器的性能已经得到了显著提高，上述的一些缺点也正在逐渐被克服。例如，采用背照式设计的 CMOS 图像传感器可以显著提高光效应益，减少固定图案噪声的技术也在逐渐成熟。

3.4.3 CCD 与 CMOS 的区别

1. 设计和工艺

CCD 是通过电荷耦合的方式，逐行读取并转换像素单元中的电荷。因此，CCD 图像传感器需要精确的时序控制和高压驱动，其制造工艺复杂。CMOS 图像传感器则在每个像素单元上都集成了转换电路和读取电路，可以直接将像素电荷转换为电压并读取出来。CMOS 图像传感器的制造工艺与主流的计算机芯片制程相同，可以借助已有的半导体生产线，因此成本较低。CCD 和 CMOS 读取方式如图 3.7 所示。

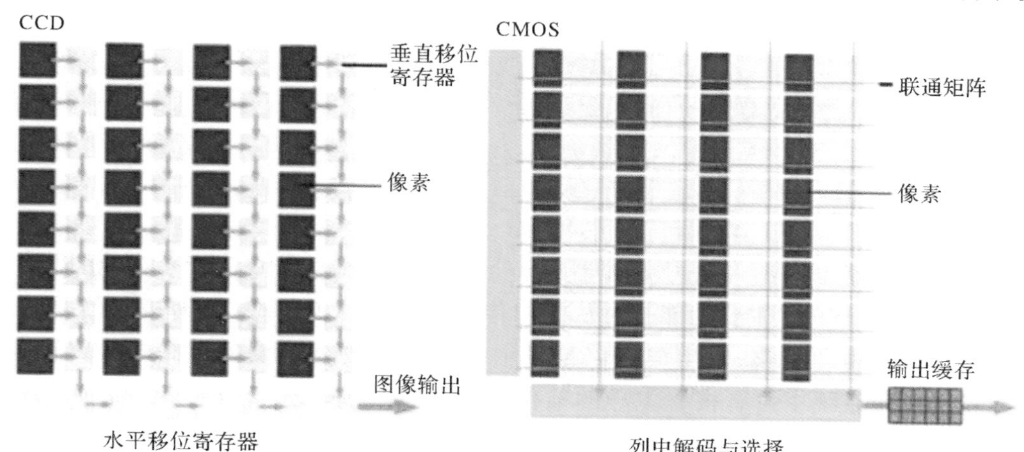

图 3.7 CCD 和 CMOS 读取方式的区别

2. 图像质量

CCD由于其逐行读取和转换的特性，可以获得优秀的图像质量和色彩再现性。但是，如果在读取和转换过程中发生错误，可能会影响整行甚至整个图像的质量。

CMOS由于每个像素单元独立读取和转换，可能会导致像素间的差异，从而产生固定图案噪声，影响图像质量。但同时，CMOS也可以实现像素级别的信号处理，如像素级别的自适应增益控制、动态范围扩展等。

3. 功耗和读取速度

CCD由于其电荷传输方式，功耗较高，读取速度慢。CMOS则由于其独立的像素读取方式，功耗低，读取速度快。

4. 集成程度和成本

CCD的集成程度较低，通常只能集成基本的图像传感功能，其他的功能，如A/D、图像处理等需要额外的芯片。

CMOS则可以在同一块芯片上集成其他电路，如A/D、处理器、图像信号处理器等，这有助于减小体积和降低成本。

总的来说，CCD和CMOS各有其优势和应用场景。CCD由于其优秀的图像质量，通常被用在对图像质量要求较高的场合，如专业相机、科学研究等。而CMOS则由于其低功耗、高速度和低成本，被广泛应用在手机、网络摄像机以及消费级别的数码相机中。

然而，随着技术的不断发展，CMOS图像传感器的性能已经得到了显著提高，一些高端的CMOS图像传感器的图像质量甚至已经超过CCD。因此，虽然CCD图像传感器在某些专业和科研应用中，可能仍然由于其特定的优势而被保留，但是在大部分的消费和工业应用中，CMOS图像传感器因其优越的性能和成本效益，正逐步替代CCD图像传感器，成为主流的图像传感技术。未来随着CMOS技术的进一步发展，这一趋势可能会更为明显。

3.5 图像信号处理器

图像处理器也叫图像信号处理器(Image Signal Processing，ISP)。在相机成像的整个环节中，ISP的主要功能是对从图像传感器(如CMOS或CCD)接收的原始图像信号进行处理和优化，以生成可以被显示设备显示或存储设备存储的最终图像。它在相机成像系统中占有核心主导的地位，是构成相机视觉系统的核心部分。其主要作用是对前端图像传感器输出的信号做后期处理，主要功能有线性纠正、噪声去除、坏点去除、内插、白平衡、自动曝光控制等，依赖于ISP才能在不同的光学条件下都能较好的还原现场细节，ISP 技术在很大程度上决定了摄像机的成像质量，是拍照过程中的运算处理单元，其地位相当于相机视觉系统的“视觉皮层”，其流程如图 3.8 所示。其中 BLC(Black Level Correction)为黑电平矫正；LSC(Lens Shading Correction)为镜头阴影矫正；AWB(Auto White Balance)为自动白平衡；Denoise 表示图像去噪；Demosaic 表示去马赛克，即 Bayer 转 RGB；CCM(Color Correction Matrix)为色彩矫正矩阵；AE(Auto Exposure)为自动曝光；Gamma 表示伽马矫正；Brightness、Contrast、Saturation 分别表示亮度、对比度、饱和度调节；AF(Auto Focus)表示自动聚焦。

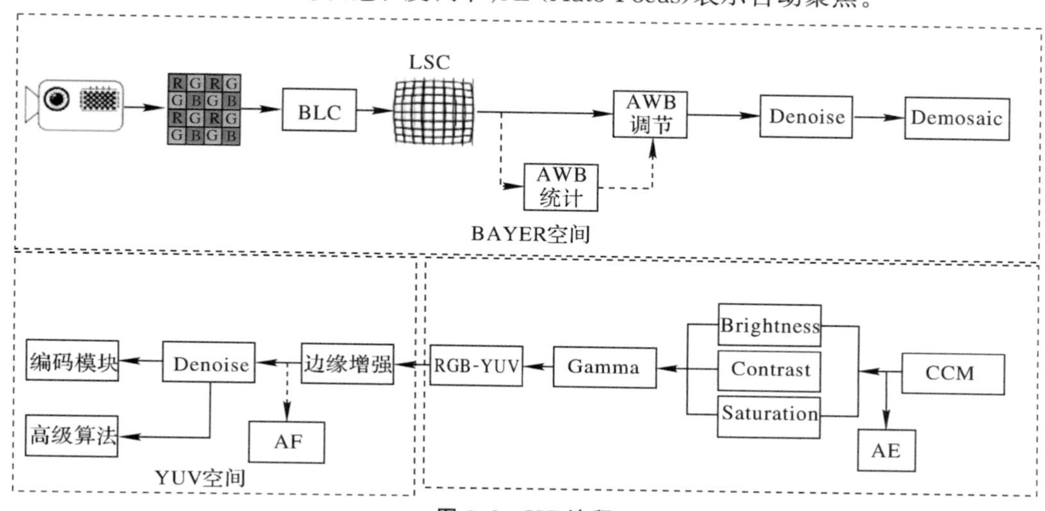

图 3.8 ISP 流程

3.5.1 Bayer 图像

早期图像成像是黑白色的，为了成彩色像，就需要 3 个不同的传感器分别采集 R、G、B 三个通道。但通过 3 个图像传感器来采集图像，其光学结构设计较为复杂，成本很高。而 Bayer 图像或 Bayer 阵列是一种镀在图像传感器表面的一层彩色滤镜阵列。这种滤镜阵列由拜耳公司的布莱斯·拜耳(Bryce Bayer)在 1976 年发明，因此得名。

在 Bayer 滤镜阵列中，每个像素点只能接收红、绿、蓝三种基本颜色中的一种。这种布局遵循了人眼对绿色信息更为敏感的特点，因此在每个 2×2 的像素组中，有一半的像素用于捕获绿色信息，剩下的一半分别用于捕获红色和蓝色信息。具体来说，一个典型的 Bayer 阵列像素组会包含一个红色像素、两个绿色像素和一个蓝色像素。这种阵列布局下，由于每个像素只能感知单一的颜色信息，相机需要通过一种被称为解码(demosaicing)或 Bayer 插值的过程，来根据每个像素的周围像素信息重构完整的彩色图像。

Bayer 滤镜阵列的设计是一种折中，它试图在保持足够颜色信息和降低制造成本之间找到一个平衡。虽然它的解码过程会造成一些质量损失，但由于其简洁性和高效性，Bayer 滤镜阵列已经成为大多数数码相机的标准配置。图 3.9 表示几中常见的 Bayer 图像排列格式。

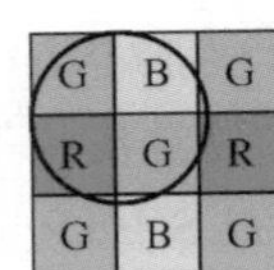

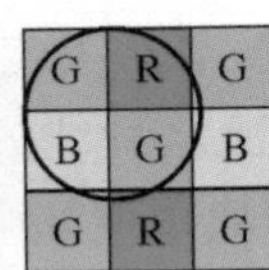

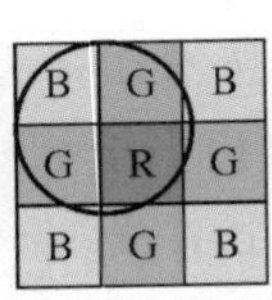

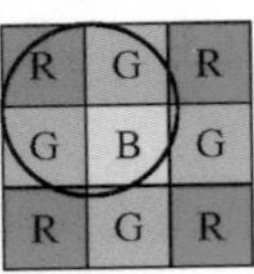

图 3.9　常见 Bayer 阵列格式

3.5.2　黑电平矫正(Black Level Correction,BLC)

暗电流(dark current)是指在没有光照条件下图像传感器中产生的电流。暗电流产生的原因主要有以下几点：

(1)热噪声。图像传感器中的半导体材料在一定温度下会产生热激发电子,这些电子在没有光照的情况下仍然会导致电荷积累。热噪声是暗电流的主要来源,且随着温度的升高而增加。

(2)漏电流。图像传感器中的各种元件(例如光电二极管、MOS 晶体管等)可能会存在漏电流,这些电流在没有光照的情况下也会导致电荷积累。

(3)制程缺陷。图像传感器在制造过程中可能会出现材料缺陷、晶格不完整等问题,这些缺陷可能导致电荷在暗环境下发生非均匀积累。

暗电流会导致图像中有噪声,尤其是在低光环境和长曝光时间下更为明显。它会影响图像质量,导致出现色彩偏差、亮度不均匀和动态范围降低等问题,因此 ISP 算法第一步就是需要对暗电流进行去除,也就是 BLC 算法。一般情况下,传感器厂商在传感器设计时会设计一些被遮挡起来的行,这部分被遮挡的行不进行曝光,可以以此得到暗电流信号。正常输出的图像信号减去这个信号就是去掉暗电流的图像信号,如图 3.10 所示,图中红色框选部分为有效成像区域,绿色框选部分为暗电流统计区域。

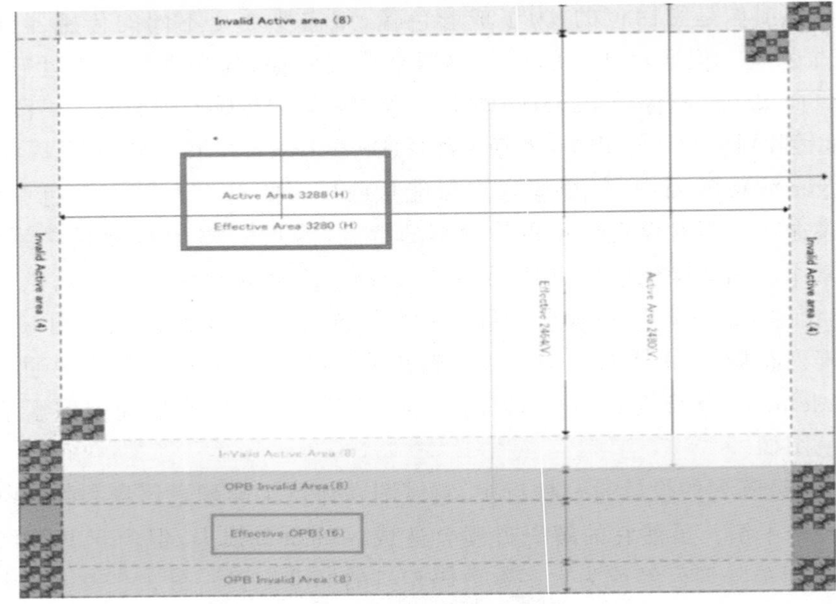

图 3.10　传感器成像区域

3.5.3 镜头遮挡矫正(Lens Shading Correction,LSC)

LSC 是 ISP 算法中的一个重要组成部分,用于矫正镜头遮挡(lens shading)现象。镜头遮挡是由于镜头和图像传感器的光学特性导致的图像亮度不均匀的现象。通常,图像的中心部分较亮,而边缘部分较暗。LSC 算法的目标是通过矫正这种亮度不均匀,使得图像在整个视场中具有相同的亮度水平,如图 3.11 所示。

图 3.11 镜头遮挡图像和矫正图像

引起镜头阴影的主要原因是镜头光学特性,透镜在将光线聚焦到图像传感器上时,会出现光线衰减现象,如图 3.12 所示。

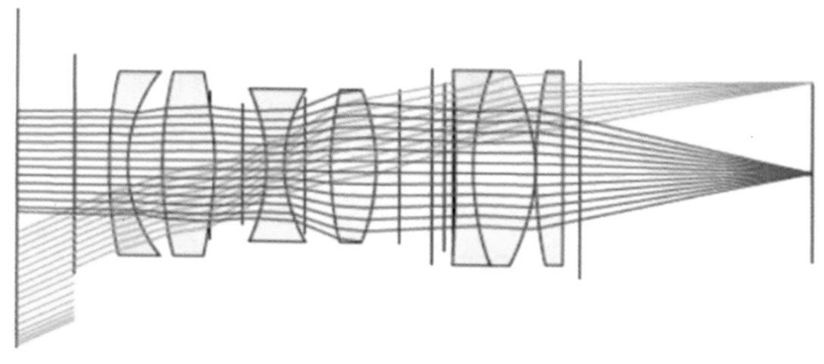

图 3.12 镜头光学特性造成的镜头阴影

如图 3.12 中,蓝色和绿色用相同的数量线条表示能量,中心位置的蓝色几乎所有能量都能达到最右侧的成像单元,但是边缘的绿色由于有一定角度射入,经过镜头的折射,有一部分光(最上方的几条绿色线条)就没法达到成像单元,因此成像单元中心的能量就会比边缘的大,表现在亮度上就是亮度向边缘衰减变暗。通常镜头的衰减符合如下公式:

$$f(\theta)=\cos^4\theta \tag{3-1}$$

其中,θ 表示的是入射光线和法线的夹角。

既然镜头的阴影是由镜头对光线能量的衰减造成的,那么就可以计算一张查找表来对不同区域进行增益补偿,这种镜头阴影矫正的方法叫作 LUT 增益补偿法,具体做法为:光线能量的衰减符合 cos2θ 的四次方规律,而 θ 在三维空间对各个方向是一致的,因此各个方向的衰减如图 3.13 所示。

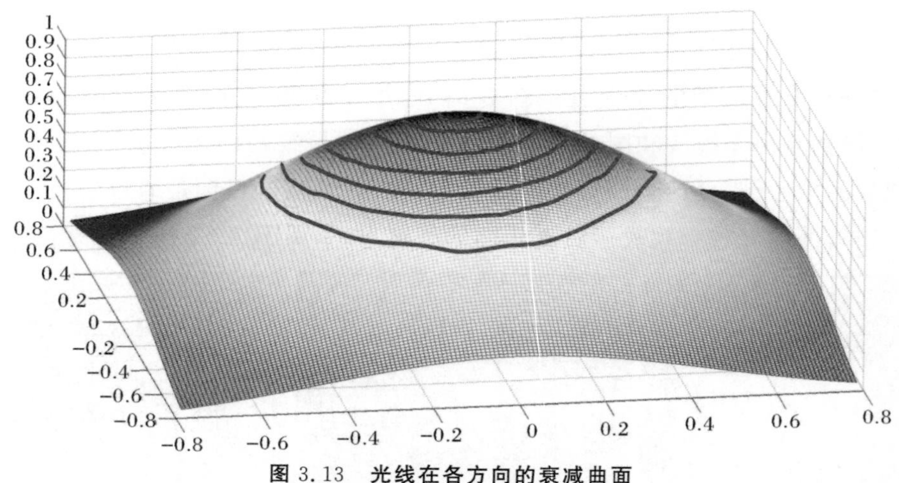

图 3.13　光线在各方向的衰减曲面

图中相同颜色可以理解成亮度是一样的，也就是图中红色一圈圈的像素需要的增益是一样的，因此就可以用半径为变量来求出不同半径像素需要的增益，然后把半径对应的增益值储存在内存中，到了要用的时候再拿出来用，从而完成矫正。

但对于一整幅图像来说，不可能把所有像素的半径都存储起来，因此就通过采样的方式提取特征半径的增益存储到内存，然后其他半径对应的增益在矫正的时候通过插值算法求出来。

将图像划分为 $n \times n$ 的格子，那么对应的能量衰减曲面将采样为不同的网格，如图 3.14 所示。

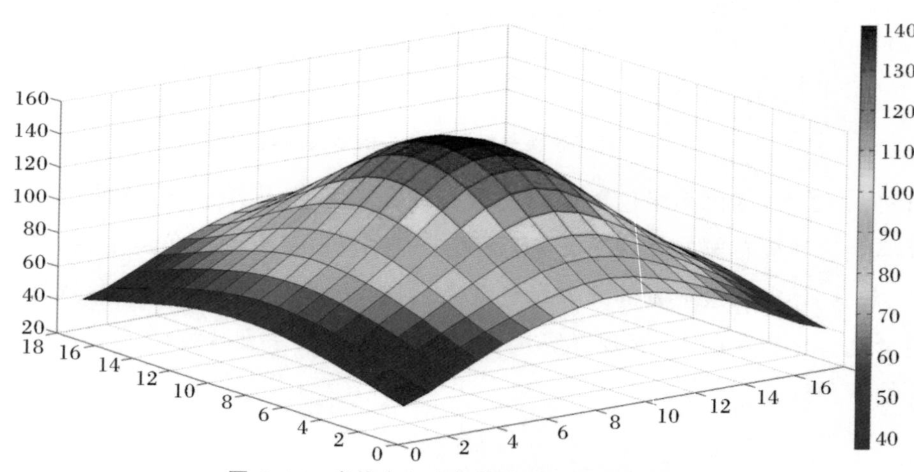

图 3.14　光线在各方向的衰减曲面网格划分

从每个网格亮度的分布中，可以看出和 $\cos\theta$ 的四次方很接近，然后针对这样的网格亮度求出增益如图 3.15 所示，刚好和亮度分布相反。

图像中每个像素根据所属的区域选择增益或者通过相邻区域插值的方式得到最佳增益即可完成镜头阴影矫正。

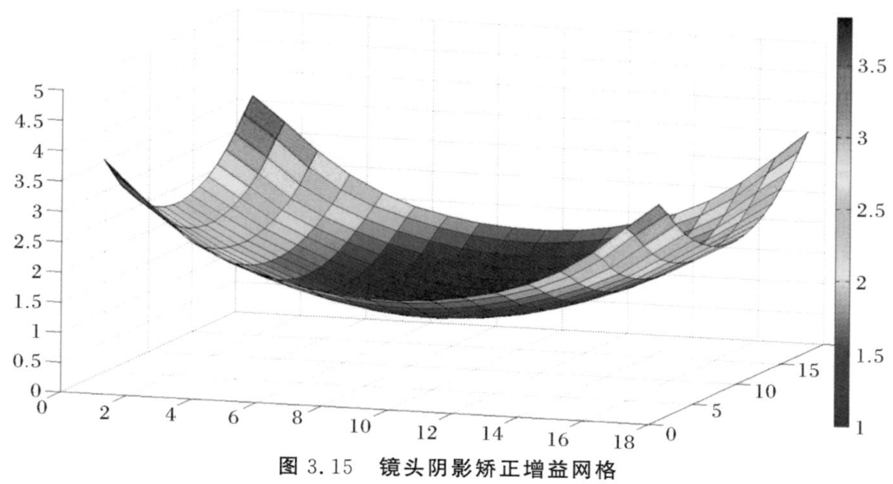

图 3.15 镜头阴影矫正增益网格

3.5.4 去马赛克算法(Demosaic)

Demosaic 是 ISP 图像处理中最重要的一环。它的主要作用是将从传感器出来的 Bayer 数据,转化成人眼可以看的完整 RGB 数据格式,以便进行后续图像处理。常用的方法是根据 3×3 窗口中心位置像素的行、列的奇偶,选择对应的 Bayer ,进而转为 RGB,图 3.16 表示一幅 RGB 排列的 Bayer 图像,窗口 A 表示奇数行奇数列,窗口 B 表示奇数行偶数列。

00	01	02	03	04	05	06	07	…
10	11 A	12 B	13	14	15	16	17	…
20	21	22	23	24	25	26	27	…
30	31	32	33	34	35	36	37	…
40	41	42	43	44	45	46	47	…
50	51	52	53	54	55	56	57	…
…	…	…	…	…	…	…	…	…

图 3.16 一副完整 Bayer 示意图

可以按照 3×3 窗口将图像区分为奇行奇列、奇行偶列、偶行奇列、偶行偶列来将 Bayer 转为 RGB,具体方法如下:

对于奇数行奇数列:

$$R=X_{11}, \ G=\frac{X_{01}+X_{10}+X_{21}+X_{12}}{4}, \ B=\frac{X_{00}+X_{02}+X_{20}+X_{22}}{4} \tag{3-2}$$

对于奇数行偶数列:

$$R=\frac{X_{11}+X_{13}}{2}, G=X_{12}, B=\frac{X_{02}+X_{22}}{2} \tag{3-3}$$

对于偶数行奇数列：

$$R=\frac{X_{11}+X_{31}}{2}, G=X_{21}, B=\frac{X_{20}+X_{22}}{2} \tag{3-4}$$

对于偶数行偶数列：

$$R=\frac{X_{11}+X_{13}+X_{31}+X_{33}}{4}, G=\frac{X_{12}+X_{21}+X_{32}+X_{23}}{4}, B=X_{22} \tag{3-5}$$

3.5.5 自动曝光(Auto Exposure)

曝光量表示光源光线经物体表面反射后，进入相机的光通量的大小。曝光过度或不足均会影响图像的成像质量，如图 3.17 所示，从左到右分别为欠曝光、正常曝光、过曝光。现实中不同场景下光照强度存在较大差别，人眼由于亮度自适应能力的存在，可以很快调整视觉效果至合适亮度，但图像传感器不具备这种调节能力。因此必须采用自动曝光模块以确保照片获得准确的曝光量，从而具有合适亮度。自动曝光(Auto Exposure)就是相机代替人的操作，自动调节曝光量，使得所摄图像的亮度正常。而 18%反射率的灰色在人眼看来正好处于黑白渐变中间，相机中测光系统的设计以 18%灰亮度为成像目的。

(a) (b) (c)

图 3.17 不同曝光的图像

(a)欠曝光；(b)正常曝光；(c)过曝光

到达传感器的光通量大小由物理场景亮度、曝光时间、光圈和日曝光增益(ISO)四者共同决定。对于手机、安防类摄像机，光圈大小是固定的，物理场景亮度无法改变，所以大多数相机的自动曝光功能自动调节的是曝光时间和 ISO。计算出当前图片的曝光度与目标曝光度的差异后，根据曝光曲线步进式调整相关参数，图 3.18 是一种曝光曲线，每个曝光量对应一组 ISO 和曝光时间参数，反映出曝光时间和曝光增益的对应关系。图中横轴表示为曝光表的第几组参数，如第 400 组参数，此时的 ISO

为 30 左右，曝光时间为 4 000 左右。

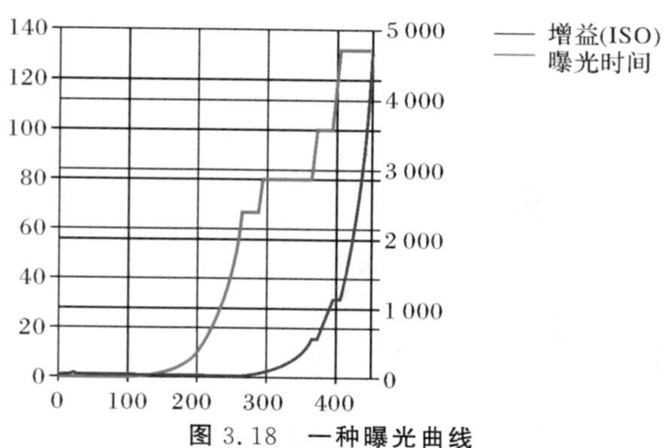

图 3.18　一种曝光曲线

目前比较常用的算法有平均亮度法、权重均值法、亮度直方图等，其主要区别为对图像亮度统计方式的区别。其主要流程如图 3.19 所示。

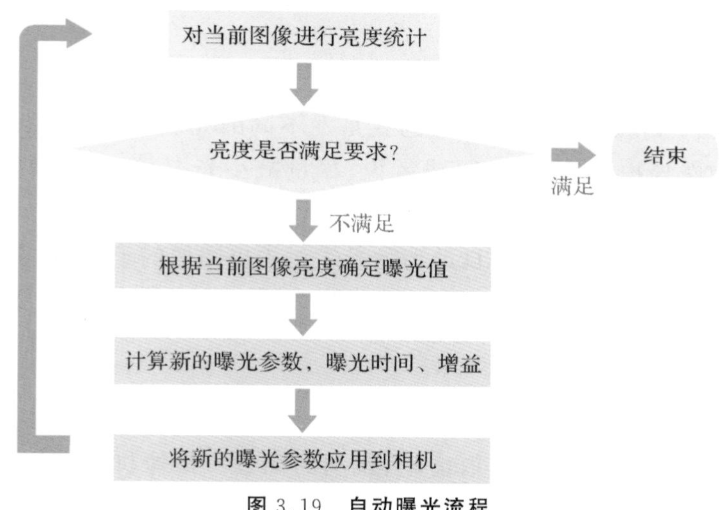

图 3.19　自动曝光流程

(1)平均亮度法。平均亮度法就是对图像所有像素亮度求平均值，设图像宽、高为 W、H，像素坐标(x,y)处的灰度值为 $f(x,y)$，则图像的平均亮度定义为

$$S=\frac{1}{WH}\sum_{y=0}^{H-1}\sum_{x=0}^{W-1}f(x,y) \tag{3-6}$$

(2)权重均值法。权重均值法同样需要统计一幅图像中所有图像块的亮度值。与平均亮度法相比，不同之处在于该方法对图像中不同区域的图像块赋予了不同的权重，计算平均值作为曝光量。经该算法调整后的图像曝光效果更接近视觉感受，但各个区域的权重值需要合理设定，如图 3.20 所示，可根据实际情况对图像不同区域设定不同的权重。

(3)基于亮度直方图的自动曝光算法。该算法的基本思想是根据图像的亮度直方图信息计算图像亮度的加权均值，再将此加权均值与预设参考值比较来输出曝光控制量,从而实现相机的自动曝光控制。该算法的核心是通过为直方图中的峰值区域分配相对较小的权值,来降低不感兴趣区域在计算加权均值时所占的比重,从而将曝光重点放在用户感兴趣区域,达到优化图像亮度效果的目的。

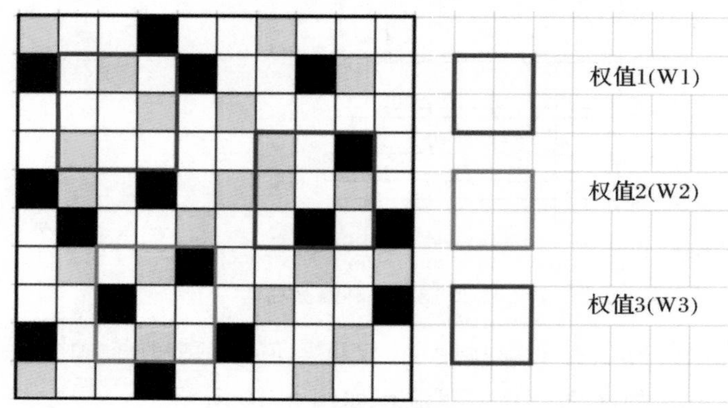

图 3.20 权重均值法

3.5.6 自动白平衡(Auto White Balance)

自动白平衡(White Balance)要做的就是在不同的光线条件下,根据当时得到的物体颜色,尽量恢复物体的固有色,或者说,尽量减小光源颜色对物体颜色的影响。对在特定光源下拍摄时出现的偏色现象,通过先验知识以及估计的光照的颜色进行颜色补偿。自动白平衡的目的是自动消除光线对拍摄图像的干扰,真实还原色彩。

白平衡是颜色恒常性的最重要的一个应用,相关算法将在第 6、7 章中详细说明。

3.5.7 自动聚焦(Auto Focus)

自动聚焦是指摄像机通过内置的自动对焦系统,根据被拍摄物体的距离和焦点位置,自动调整镜头的焦距,以获取清晰、锐利的图像。摄像机自动聚焦的原理可以简单概括为以下几个步骤:

(1)距离检测。摄像机通过内置的传感器或使用特定的算法,测量被拍摄物体与摄像机的距离。常见的距离检测方法包括对比度检测、相位差检测和深度感应等。其中,对比度检测是最常用的方法,通过分析图像的对比度变化来确定被拍摄物体的距离。

(2)焦点计算。根据距离检测结果,摄像机会计算出合适的焦点位置。焦点位置决定了摄像机镜头的聚焦距离,进而影响图像的清晰度。一般来说,离摄像机较近的物体需要更短的焦距,而离摄像机较远的物体则需要更长的焦距。

(3)镜头调整。在获得焦点位置后,摄像机会通过驱动系统自动调整镜头的焦距。驱动系统可以是电动马达、液晶晶体或声波电机等,它们能够实现快速而精确的焦距调整。调整过程中,摄像机会不断监测图像的清晰度,并根据需要微调焦点位置,直到达到最佳清晰度。

(4)聚焦反馈。一旦摄像机完成焦距调整,它会发送一个信号给用户,表明图像已完成自动聚焦。这个信号可以是视觉上的指示,如聚焦框变为绿色,或是声音上的提示,如嘀嘀声。这样,用户就可以确认摄像机已成功对焦,并进行拍摄或录制操作。

摄像机自动聚焦的原理基于先进的光学、电子和计算技术。通过内置的传感器和算法,摄像机能够快速而准确地检测距离,并根据距离调整镜头焦距,从而实现图像的自动聚焦。这项技术使得用户在拍摄过程中不需要手动调整焦距,大大提高了拍摄效率,同时也降低了操作难度。

摄像机自动聚焦是一项基于先进技术的重要功能,它通过内置的传感器、算法和驱动系统,实现了摄像机镜头焦距的自动调整。这一技术使得用户能够轻松获取清晰、锐利的图像,提高了拍摄效果。随着科技的不断进步,相信摄像机自动聚焦技术将会得到进一步的改进和应用。

3.5.8 颜色校正矩阵

图像传感器的 RGB 响应曲线和人眼的响应不同,同时不同厂家制作的图像传感器的 RGB 响应曲线也是不同的,而且图像数据经过 ISP 中的 AWB 模块处理后会存在偏差,因此需要在 RGB 域进行颜色校正来还原人眼的感知效果。颜色校正矩阵(Color Correction Matrix,CCM),其校正原理是根据传感器拍摄各个色温下 24 色色卡的实际颜色信息,再根据目标颜色信息,计算出 3×3 的 CCM,使得相机输出的颜色表现符合期望。基本调节方法为:①首先调试 CCM 需要基于在不同色温的光源下用所调试的传感器采集的 24 色色卡图,如图 3.21 所示。②调试的原则是先将 RGB 调到与基准(标准色卡颜色)接近。

图 3.21 24 **色色卡**

根据得到的 CCM 矩阵对 RGB 进行校正,校正方法为

$$[R' \quad G' \quad B'] = [R \quad G \quad B]\begin{bmatrix} C11 & C12 & C13 \\ C21 & C22 & C23 \\ C31 & C32 & C33 \end{bmatrix} \tag{3-7}$$

$$\begin{cases} R' = R * C11 + G * C21 + B * C31 \\ G' = R * C12 + G * C22 + B * C32 \\ B' = R * C13 + G * C23 + B * C33 \end{cases} \tag{3-8}$$

$$\begin{cases} C11+C12+C13=1 \\ C21+C22+C23=1 \\ C31+C32+C33=1 \end{cases} \tag{3-9}$$

其中，$[R \quad G \quad B]$表示校正前的 RGB 图像，$[R' \quad G' \quad B']$为经过 CCM 校正后的 RGB 图像。由公式可以看出，$C11$、$C21$ 和 $C31$ 分别决定经过 CCM 校正后每个像素红色通道的饱和度、红色通道中绿色的比例和红色通道中蓝色的比例；$C12$、$C22$ 和 $C32$ 分别决定经过 CCM 校正后每个像素绿色通道中红色的比例、绿色的饱和度和绿色通道中蓝色的比例；$C13$、$C23$ 和 $C33$ 分别决定经过 CCM 校正后每个像素蓝色通道中红色的比例、蓝色通道中绿色的比例和蓝色通道的饱和度。

3.5.9 伽马校正

伽马校正是用于修正图像的非线性色彩表示的方法。在大多数的显示设备和相机中，亮度的响应与实际亮度的非线性关系会导致图像的失真。伽马校正旨在减少这种失真。光电传感器的响应和场景中的光通量是线性的，但人的视觉系统对亮度的感知是非线性的。为了更好地模拟人的视觉感知，数字图像通常会进行伽马校正，使图像的亮度分布更接近我们的视觉感知。伽马校正基本公式为

$$I_{\text{corrected}} = I_{\text{original}}^{\frac{1}{\gamma}} \tag{3-10}$$

式中：$I_{\text{corrected}}$表示校正后的图像；I_{orginal} 表示原始图像；γ 表示伽马值。

3.6 存储、显示、传输单元

在相机成像过程中，存储、显示、传输也是非常重要的环节。存储单元负责保存由图像信号处理器(ISP)处理过的图像数据。在相机中，通常由 SD 卡或者 SSD 固态存储实现。图像数据可以以各种格式保存，包括压缩格式(如 JPEG、H264、HEVC 等)和无损格式(如 RAW)。无损格式保留了图像的全部信息，使得用户可以在后期处理过程中有更大的灵活性，但这也需要更大的存储空间。相反，压缩格式虽然占用的存储空间较小，但可能会丢失一些图像信息。在存储过程中，也需要考虑到数据的安全性和可靠性，以防止数据丢失或损坏。

显示单元是用户查看拍摄结果的主要方式。在数字相机中，通常由液晶显示屏(LCD)或由机发光二极管(OLED)显示屏实现。显示屏的尺寸、分辨率、色彩表现和亮度等特性都会影响到用户的使用体验。另外，一些高端的相机也可能配备有电子取景器(EVF)，这可以在明亮的环境中提供更好的查看效果。显示单元通常需要和图像处理单元(如 ISP)以及控制单元(如微处理器)协同工作，以实现实时预览、回放、菜单操作等功能。

为了将实时图像或存储在存储单元中的图像数据传输到其他设备(如电脑或打印机),相机设计时通常会配备有数据接口,如USB接口、HDMI接口、有线网络接口或无线接口(如Wi－Fi或蓝牙)。这些接口可以使相机与外部设备连接,进行数据传输或远程控制。

相机视觉系统是对人类视觉系统的模拟。这种模仿并不仅仅是为了研究和理解人眼的工作原理,更是为了实现更加自然、逼真和高效的图像处理和成像技术。本章从光学成像、图像采集、图像处理等多个方面介绍了相机的视觉系统,使读者对相机成像系统能有一个较为深刻的认知。

3.7 本章小结

本章主要从宏观到微观详细探讨了相机视觉系统的各个环节。相机不仅仅是一个简单的设备,而且还是一个完整的系统,通过精密的物理和电子元件,将现实世界的场景转化为数字图像。

首先,从光源开始。光源不仅决定了物体的可见性,而且在很大程度上影响了图像的质量和风格。进一步讨论了不同类型的光源,如太阳、月亮和人造光,以及它们对颜色、阴影和纹理的影响。了解光源的特性对于获得高质量的图像至关重要。

接下来,探索了镜头的魔法。镜头不仅决定了图像的焦距和视场,还对图像的锐度、色彩和失真产生影响。主要深入研究了如何选择和使用镜头,以满足不同的拍摄需求和创意表达。

当光线通过镜头并被感光元件捕捉后,图像信号处理器(ISP)开始扮演其关键角色。ISP不仅负责将模拟信号转换为数字信号,还进行色彩校正、降噪、锐化和其他多种图像增强功能。然后详细讲解了ISP的各个组件和功能,帮助读者理解其在图像质量中的重要性。

此外,本章还探讨了现代相机中的其他关键技术,如自动对焦、自动白平衡、自动曝光等,这些技术进一步提高了相机的多功能性和其他性能。

总的来说,本章为读者提供了一个全面的相机成像知识体系,深入浅出地解释了每个组件和步骤是如何共同作用,从现实世界的场景创建出精美的数字图像。理解这些重要的知识将为那些希望进一步研究和利用相机技术的人们提供宝贵的参考。

第4章 颜色形成理论

本章主要介绍彩色图像的形成理论。首先，想要形成数字图像，我们首先要理解光的来源。假如我们在相机前放一个物体，要看到这个物体，必须有光的照射。在白天室外，日光是主要的光源。而在夜晚，人工光源如白炽灯或LED灯可能成为主要的光源。在某些光线较弱的场景，太阳光和人工光源可能会共同作为光的来源。同时，我们也经常遇到间接照明，例如通过镜子或其他反光物体反射的光，或者室内灯具照射到天花板从而将房间照亮的情况。这意味着在实际的场景中，可能会有多个光源。

光从光源发出后，会击中物体，物体会吸收部分光线，其余的则会反射。这些反射的光线可能会进入相机镜头，但大多数时候，它们会反射到其他物体或消失在远方。此外，我们可以将物体分为无光泽的(非镜面)物体和有光泽的(镜面)物体。非镜面物体的表面较为粗糙，它们在各个方向均匀地反射光线，如图4.1(a)所示。这意味着从不同位置看这样的物体，反射的光线数量是相同的。而有光泽的物体，如镜子，会完美地反射所有入射光，如图4.1(b)所示。

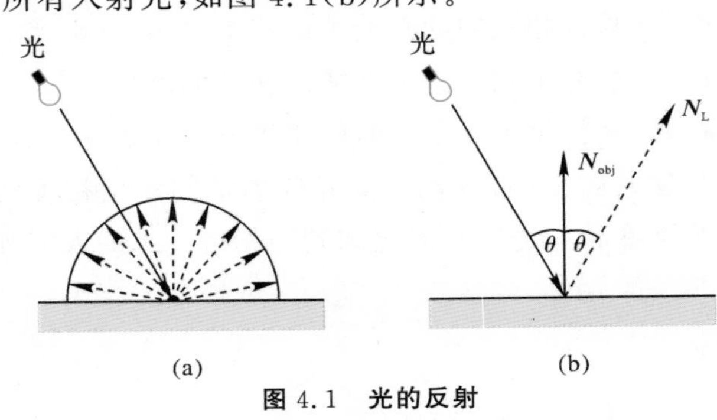

图4.1　光的反射

(a)无光泽表面；(b)完美镜面

设 $\boldsymbol{N}_{\text{Obj}}$ 为入射光线击中物体位置处的法向量。设 $\boldsymbol{N}_{\text{L}}$ 为指向光源方向的归一化

向量。设 θ 为法向量 $\boldsymbol{N}_{\mathrm{Obj}}$ 与指向光源的向量 $\boldsymbol{N}_{\mathrm{L}}$ 之间的夹角。那么射出的射线和法向量之间的夹角也是 θ。对于透明物体，一部分光线将被折射，其余部分将被反射。

透明表面如图 4.2 所示。部分入射光被表面吸收，另一部分光从表面反射回来，剩余部分被折射并穿过表面。设 θ_{L} 为入射角，θ_{T} 为透射角。入射角和透射角都与 Snell 定律[29,30]相关，即

$$\frac{\eta_{\mathrm{L}}}{\eta_{\mathrm{T}}}=\frac{\sin\theta_{\mathrm{L}}}{\sin\theta_{\mathrm{T}}} \tag{4-1}$$

式中：η_{L} 为物体上方介质的折射率；η_{T} 为物体的折射率。

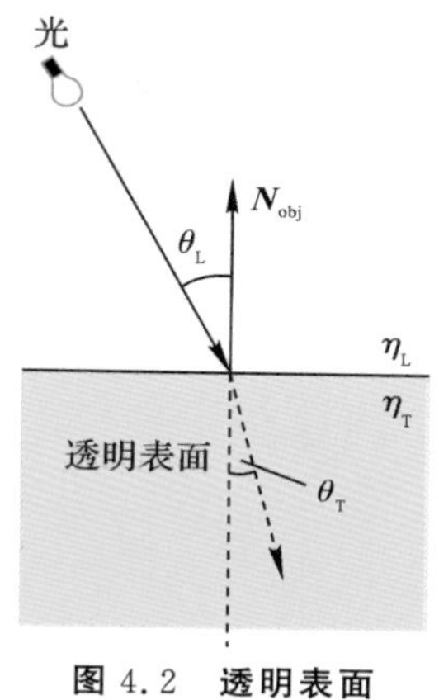

图 4.2 透明表面

入射光的一部分被表面吸收，其余部分被折射和反射。最终，光线会进入相机的镜头。相机镜头的后面一般是模拟胶片或传感器阵列。

4.1 数字成像技术

数码相机的工作原理在某种程度上与传统的胶片相机相似，但是它使用的是传感器阵列而非胶片来捕获图像。与传统胶片相机相比，现代数码相机在图像清晰度和质量上表现得更优越[31]。专业和半专业的单反相机通常配备了大型传感器，这使得它们即使在光线较差的环境下也能拍出高质量的照片。

考虑到人类的视觉系统包含三种对红色、绿色和蓝色光线敏感的锥状细胞，因此需要三种不同的传感器来捕捉这三种颜色的光线。常见的传感器阵列使用同一种类型的光敏传感器，但在每个传感器上放置了不同的滤光片，从而使其对红、绿或蓝部分的光谱产生响应。这些滤光片通常按 GRGB 的模式排列，这种配置被称为 Bayer 模式[32,33]。每种滤光片的设计目的都是为了只透过其对应的颜色，例如红色滤光片只透红光，而阻挡其他颜色的光线，如图 4.3 所示。

除了这种设计外，还有一些其他类型的传感器，除了红、绿、蓝滤光片外，还加入

了红外滤光片，使得夜间能够兼顾亮度和色彩，如思特威 SC533AT、OMNIVISION 的 OX05B1S 等。

由于红、绿、蓝传感器在空间上是分离的，所以相机无法测量空间中单点的入射光。相反，通过对红、绿、蓝三色强度的测量进行内插，就可以得到某个点的颜色。也就是说，我们只能猜测图像点的正确颜色，如果图像稍有模糊，内插的颜色将是正确的。否则，插值过程中可能会引入图像中实际没有的颜色。

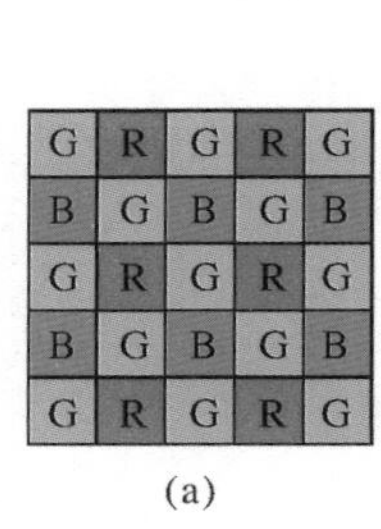

(a)

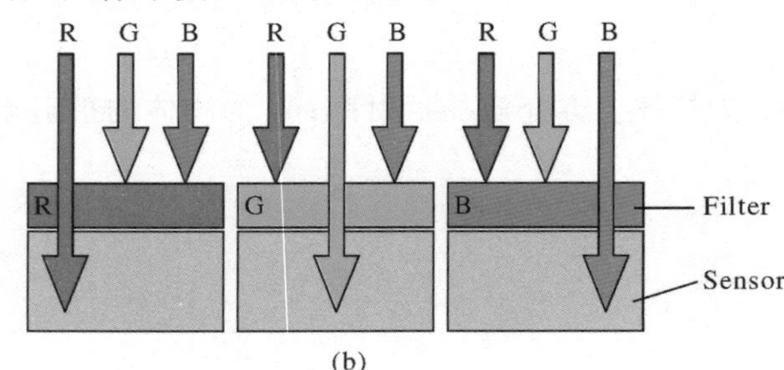

(b)

图 4.3　Bayer 模式

(a)传感器的标准布置；(b)传感器上方使用了三种滤光器

图 4.4 详细展示了从标准拜耳传感器中如何提取图像。图 4.4(a)描绘了传感器阵列捕捉到的图像，每个传感器点只检测到红、绿或蓝中的一个光谱成分。在 GRGB 拜耳传感器配置中，25%的像素对红光敏感，50%的像素对绿光敏感，而剩下的 25%则对蓝光敏感。图 4.4(b)呈现了通过拜耳传感器所看到的图像。而(d)(e)和(f)分别显示了红、绿、蓝三个单独的通道。值得注意的是，对于每个像素位置，只能获得一种颜色通道的精确数据，而其他两种颜色的数据必须通过附近像素的插值计算得到。经过这样的插值处理后，得到的图像如图 4.4(c)所示。由于需要依赖插值方法来生成完整的彩色图像，所得到的输出图像的实际分辨率会比拜耳传感器的原始像素计数要低。

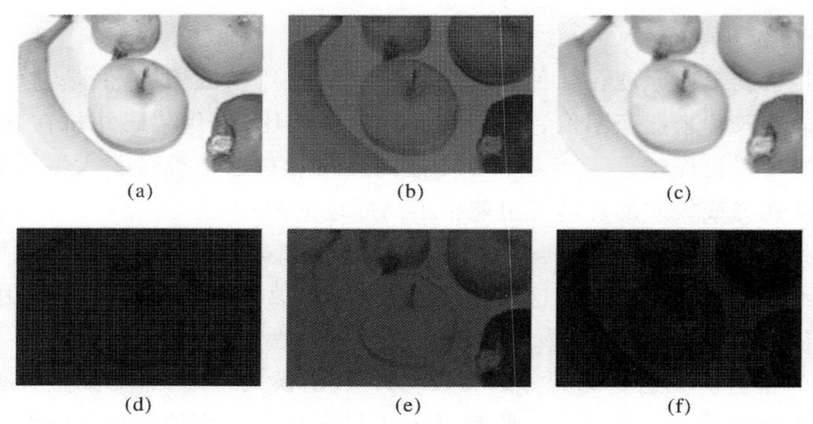

(a)　(b)　(c)

(d)　(e)　(f)

图 4.4　图像提取

(a)传感器上的实际图像；(b)Bayer 传感器数据；(c)插值后的彩色图像；
(d)(e)(f)分别表示红、绿、蓝通道图像但 Foveon 公司推出的传感器是个例外[34]。图 4.5 显示了该传感器的工作原理，可见三个传感器相互叠加，上层的传感器测量蓝光，中层的传感器测量绿光，下层的传感器测量红光，这是因为芯片材料硅在不同深度吸收不同波长的光。蓝光很早就被吸收，绿光的穿透深度比蓝光稍深，而红光的穿透深度最深。由于红、绿、蓝传感器相互叠加，所以 Foveon 图像传感器能够在每个图像点获取这三种颜色成分。

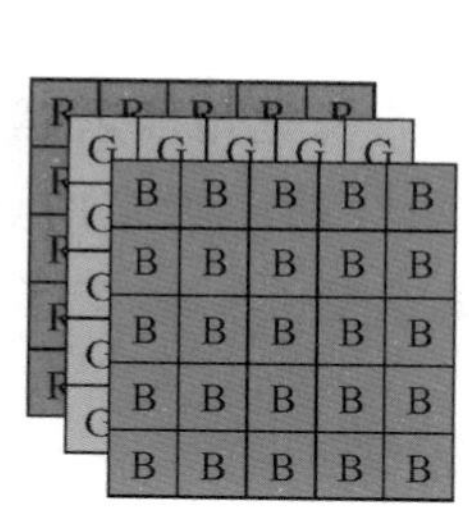

(a)

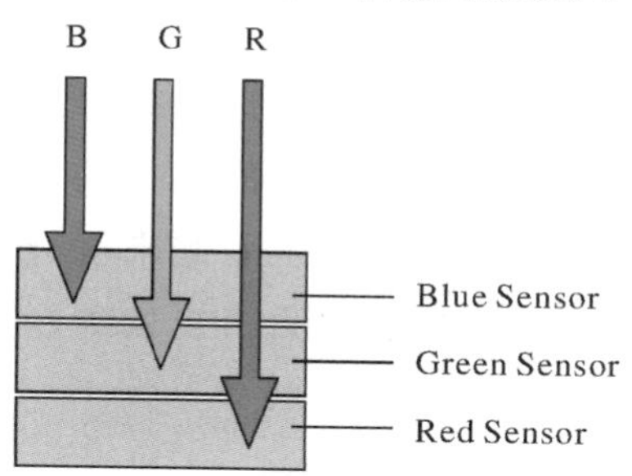

(b)

图 4.5 Foveon 公司的传感器工作原理

(a)三个传感器叠放在一起；(b)硅在不同深度吸收不同波长的光

通过将传感器置于不同深度，Foveon 芯片能够在每个图像点测量这三种颜色成分。使用这种技术可以提供更加锐利的图像、更好色彩的图像。

4.2 辐射测量理论

在图像传感器的阵列中，每个传感器单元会测量特定位置的入射光量。在光的测量中，光的量或者说照射在某一表面上的光的总量被称为"辐照度"[35,36]。辐照度 E 是以落在表面上单位面积 A 的功率或通量 Φ 来定义的。它的单位是瓦特/米^2(W/m^2)。

$$E=\frac{\mathrm{d}\Phi}{\mathrm{d}A} \tag{4-2}$$

当我们观察物体表面上的某一点时，从这点反射出去的光线会分布在以这点为中心的半球形范围内。考虑这个半球上的一个单位面积，并进一步考虑单位实体角 Ω 上的光的分布。如图 4.6 所示，实体角的定义是基于单位半球上与平面小区域(光斑)A_{obj} 相对应的投影面积而来。单位面积、单位实体角辐射出的光称为辐射度或辐射率 L，即

$$L=\frac{\mathrm{d}^2\Phi}{\mathrm{d}\Omega\mathrm{d}A}=\frac{\mathrm{d}^2\Phi}{\mathrm{d}\Omega\mathrm{d}A_0\cos\theta} \tag{4-3}$$

式中：$\mathrm{d}A=\mathrm{d}A_0\cos\theta$，表示指定方向 θ 上的单位面积，单位为瓦特/(米^2·秒)(W/m^{2}s)。立体角，缩写为 sr，是实体角的度量单位。无光泽表面具有均匀的辐射分

布。与此相反，一面完美的镜面会将所有辐照度反射到一个方向。大多数实际表面会向不同方向辐射不同数量的能量。

面积为 A_{Obj} 的光斑在距离原点 r 处的实体角计算公式为

$$\Omega=\frac{A_{Obj}\cos\varphi}{r^2} \tag{4-4}$$

式中：φ 是光斑 N_A 的法线与区域和给定点之间连线的夹角(见图 4.6)。换句话说，当投射到观看者周围的半球上时，其大小与观测者距离的平方成反比，与贴片法线和其相对于观看者的方向之间的夹角成正比。光斑越远，所占的视觉角度就越小。此外，光斑越倾斜，在半球上看起来就越小。如果光斑的表面法线朝向给定的点，则在单位半球上的投影就最大。当偏离这个方向旋转时，投影就会变小。整个半球的实体角为 2π。

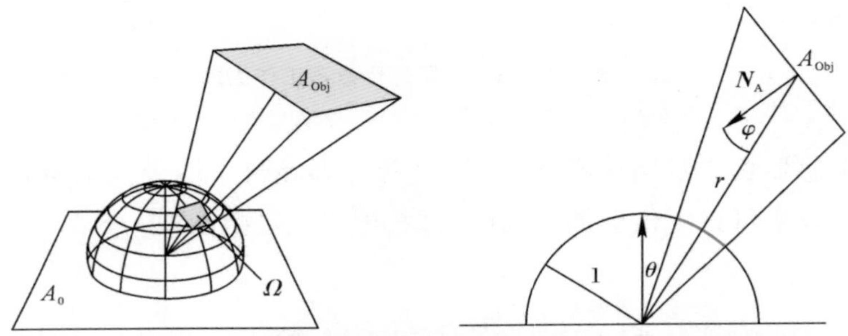

图 4.6　立体角的定义是平面光斑区域 A 在单位半球上的投影面积

设 L 为光源发出的辐照度，如图 4.7 所示，落在平面光斑区域上的辐照度取决于光斑区域的法向量与光源方向之间的夹角 θ。设 $\mathbf{N}_{Obj}$ 为光斑区域的法向量，$\mathbf{N}_L$ 为指向光源方向的向量，光斑区域在传感器投影 上的辐照度 E 按系数 $\cos\theta$ 缩放，其中 θ 是 $\mathbf{N}_{Obj}$ 和 $\mathbf{N}_L$ 之间的夹角，则有

$$E=L\cos\theta=L\mathbf{N}_{Obj}\mathbf{N}_L \tag{4-5}$$

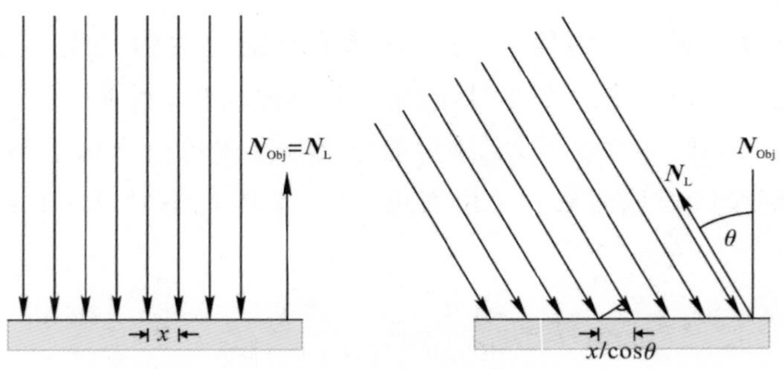

图 4.7　落到平面光斑区域上的辐照度减少了 $\cos\theta$，
其中 θ 是光源方向与光斑区域片法向量之间的夹角

图像上的某一点的辐照度是由物体表面上对应点的辐照度决定的。假设我们将相机镜头置于坐标原点，并将传感器阵列放在镜头的后方 f 处。如图 4.8 所示，每个传感器专门测量图像中的一个特定点的辐照度[35]。摄像机坐标系中的左上方的点会被映射到传感器阵列的右下方。这导致图像是上下颠倒的，因此在展示图像前需要进行翻转或调整。

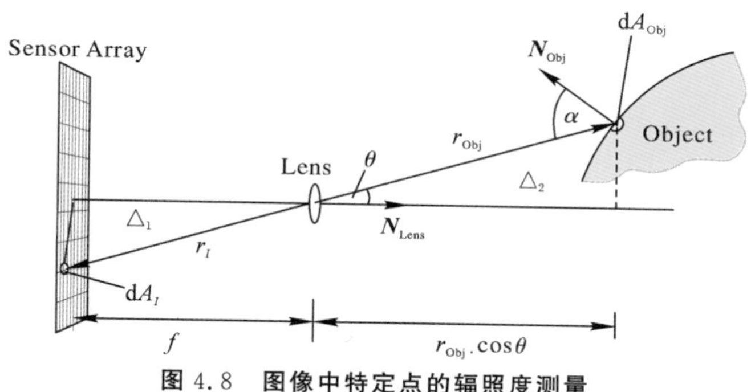

图 4.8 图像中特定点的辐照度测量

传感器阵列位于透镜后 f 处，假设透镜中心位于原点，一个法向量为 $\boldsymbol{N}_{Obj}$、面积为 dA_{Obj} 的小光斑区域通过透镜投射到传感器阵列上。设传感器的面积为 dA_I，则传感器测得的辐照度为

$$E=\frac{dP_{Lens}}{dA_I} \tag{4-6}$$

式中：dP_{Lens} 是穿过透镜的光的功率，它来自物体上的一个小平面光斑区域。由于辐射度被定义为单位面积、单位实体角的功率，需要计算从平面光斑区域看到的透镜所占的实体角，以确定光斑区域向透镜发出的功率。通过透镜的功率 dP_{Lens} 的计算公式为

$$dP_{Lens}=L\Omega_{Lens}dA_{Obj}\cos\alpha \tag{4-7}$$

式中：Ω_{Lens} 是从平面光斑区域看到的透镜视角，α 是光斑区域的法向量 $\boldsymbol{N}_{Obj}$ 与从透镜指向小光斑区域的向量 $\boldsymbol{r}_{Obj}$ 之间的夹角。系数 $\cos\alpha$ 考虑了从透镜看光斑区域的面积会被放大这一情况。假设透镜的直径为 d，则可得到实体角计算公式为

$$\Omega_{Lens}=\pi\frac{d^2}{4}\frac{\cos\theta}{\boldsymbol{r}_{Obj}^2} \tag{4-8}$$

式中：θ 是透镜法线矢量 $\boldsymbol{N}_{Lens}$ 与矢量 $\boldsymbol{r}_{Obj}$ 之间的夹角，矢量 $\boldsymbol{r}_{Obj}$ 从透镜中心指向光斑区域方向。因此，可得到辐照度：

$$E=\frac{dP_{Lens}}{dA_I}=L\Omega_{Lens}\frac{dA_{Obj}}{dA_I}\cos\alpha=L\frac{dA_{Obj}}{dA_I}\pi\frac{d^2}{4\boldsymbol{r}_{Obj}^2}\cos\theta\cos\alpha \tag{4-9}$$

已知图像平面位于镜头后 f 处，可以计算出光斑区域在图像平面上的投影面积 dA_I。光斑区域发出的光线穿过镜头中心，进入传感器阵列，从镜头看到的光斑区域

所占的实体角和传感器阵列上的投影所占的实体角必须相等。要确定的是落在传感器光斑区域上的光量。特定的光斑区域会投射到传感器的相应区域,因此光斑区域的两个实体角和传感器的实体角必须相等。设 Ω_I 表示区域在传感器阵列上的投影实体角,Ω_{Obj} 表示从镜头看到的区域实体角,则有

$$\Omega_I=\Omega_{\mathrm{Obj}} \tag{4-10}$$

$$\frac{\mathrm{d}A_I\cos\theta}{\boldsymbol{r}_I^2}=\frac{\mathrm{d}A_{\mathrm{Obj}}\cos\alpha}{\boldsymbol{r}_{\mathrm{Obj}}^2} \tag{4-11}$$

其中:r_I 为从透镜中心指向传感器阵列上光斑区域投影的矢量。通过求解该方程计算出 $\mathrm{d}A_{\mathrm{Obj}}/\mathrm{d}A_I$ 为

$$\frac{\mathrm{d}A_{\mathrm{Obj}}}{\mathrm{d}A_I}=\frac{\boldsymbol{r}_{\mathrm{Obj}}^2\cos\theta}{\boldsymbol{r}_I^2\cos\alpha} \tag{4-12}$$

将式(4-12)代入式(4-9)得

$$E=\pi L\ \frac{\boldsymbol{r}_{\mathrm{Obj}}^2\cos\theta}{\boldsymbol{r}_I^2\cos\alpha}\frac{d^2}{4\boldsymbol{r}_{\mathrm{Obj}}^2}\cos\theta\cos\alpha=\pi L\ \frac{d^2\cos^2\theta}{4\boldsymbol{r}_I^2} \tag{4-13}$$

从透镜到传感器的距离 r_I 可以通过图 4.8 所示的两个相似三角形$\triangle_1$ 和$\triangle_2$计算得出。

$$\boldsymbol{r}_I=-f\ \frac{\boldsymbol{r}_{\mathrm{Obj}}}{\boldsymbol{r}_{\mathrm{Obj}}\boldsymbol{N}_{\mathrm{Lens}}}=-f\ \frac{\boldsymbol{r}_{\mathrm{Obj}}}{\boldsymbol{r}_{\mathrm{Obj}}\cos\theta} \tag{4-14}$$

由此可得辐照度 E 为

$$E=\pi L\ \frac{d^2}{4f^2}\cos^4\theta \tag{4-15}$$

光斑区域在传感器阵列的投影上的辐照度 E 与光源发出的辐照度 L 成正比。由于系数$\cos^4\theta$ 的存在,区域与光轴之间的夹角 θ 越大,辐照度就越小。

4.3 反射率模型

传感器阵列上测量的辐照度与实际场景中的辐照度是成正比的。也就是说,传感器能够准确地测量场景中的辐射度。接下来,我们探讨场景的辐射度是如何受到物体表面特性及其照射光线的影响的。如图 4.9 所示,光源发出的光线投射到一个小区域(光斑)上。这其中,部分光线会被该区域吸收,而其余的则会向各个方向进行反射。反射光的量可能受到光源的位置和观察者的视角的影响。对于哑光或粗糙的表面,不论你从哪个角度观察,其对光的反射是均匀的。在这种情况下,反射光的量主要取决于光源与物体表面法线之间的角度。而对于镜面或光滑的表面,光的反射则需要同时考虑光源的位置和观察者的视角。

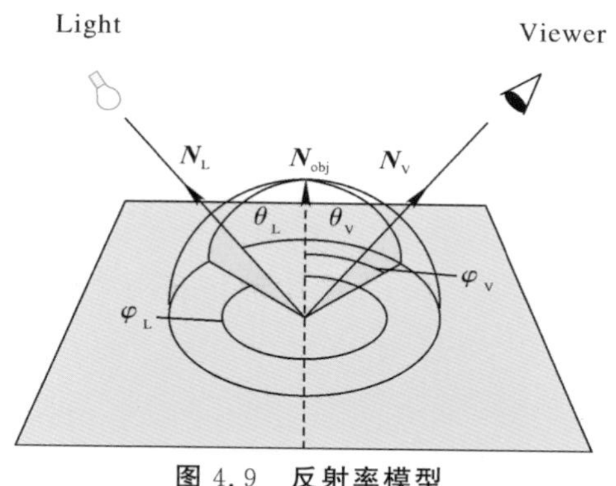

图 4.9 反射率模型

双向反射分布函数(BRDF)表示从(θ_L,φ_L)方向的入射光有多少被反射到方向(θ_V,φ_V)上。设 $\boldsymbol{N}_{Obj}$ 为光斑的法向量,$\boldsymbol{N}_L$ 为指向光源方向的法向量,$\boldsymbol{N}_V$ 为指向观察者方向的法向量。假设 $E(\boldsymbol{N}_L)$是落在光斑上的辐照度,$L(\boldsymbol{N}_V)$是沿观察者方向反射光斑的辐照度,相对于落到光斑上的辐照度的部分称为双向反射分布函数,简称 BRDF[30,35,37]。

$$f(\boldsymbol{N}_L,\boldsymbol{N}_V)=\frac{L(\boldsymbol{N}_V)}{E(\boldsymbol{N}_L)} \tag{4-16}$$

在光源方向 $\boldsymbol{N}_L$ 和观察者方向 $\boldsymbol{N}_V$ 的任何给定组合下,BRDF 指定了有多少入射光被反射。若固定光源相对于光斑的位置,则 BRDF 表明了反射光在光斑周围的分布情况。所有 BRDF 必须满足以下要求:

$$f(\boldsymbol{N}_L,\boldsymbol{N}_V)=f(\boldsymbol{N}_V,\boldsymbol{N}_L) \tag{4-17}$$

也就是说,如果确定了交换光源和观察者的位置,那么 BRDF 必须具有相同的形式。在这种情况下,它必须是对称的,即双向的。

理想的哑光表面和镜面表面具有相对简单的 BRDF。但在实际情况下,许多物体的 BRDF 并不简单。例如,布料或拉丝金属表面在某个特定方向上会反射更多的光线,这被称为优先方向。如果知道某种材料的 BRDF,则可以计算出这种材料的一个无限小的光斑所发出的辐射强度,其计算公式为

$$L(\boldsymbol{N}_V)=f(\boldsymbol{N}_L,\boldsymbol{N}_V)E(\boldsymbol{N}_L) \tag{4-18}$$

1. 点光源

假设有一个点光源,设 L 为该光源发出的辐照度,若假设光源远离光斑,则辐照度 $E(\boldsymbol{N}_L)$为 $L\boldsymbol{N}_{Obj}\boldsymbol{N}_L$。在这种情况下,可以得到光斑在观察者方向上发出的辐照度 $L(\boldsymbol{N}_V)$为

$$L(\boldsymbol{N}_V)=f(\boldsymbol{N}_L,\boldsymbol{N}_V)L\boldsymbol{N}_{Obj}\boldsymbol{N}_L \tag{4-19}$$

如果有多个点光源,我们需要将不同光源的分量相加。假设 L_i 是光源 i 发出的辐射度,那么光斑在观察者方向上发出的辐射度 $L(\boldsymbol{N}_V)$为

$$L(\boldsymbol{N}_V)=\sum_{i=1}^{n}f(\boldsymbol{N}_{L_i},\boldsymbol{N}_V)L_i\boldsymbol{N}_{Obj}\boldsymbol{N}_{L_i} \tag{4-20}$$

式中：n 为光源个数；$\boldsymbol{N}_{L_i}$ 为指向光源 i 方向的法向量。

2. 扩散光源

假设存在一个扩散光源，比如天空，在这种情况下，我们需要对以光斑为中心的半球上的辐照度进行积分。为了描述从光斑出发的光线方向，我们可以使用两个角度：极角 θ 和方位角 φ。如图 4.10 所示，可以计算半球上无限小光斑的实心角 ω，其计算公式为

$$\omega=\sin\theta\,\mathrm{d}\theta\,\mathrm{d}\varphi \tag{4-21}$$

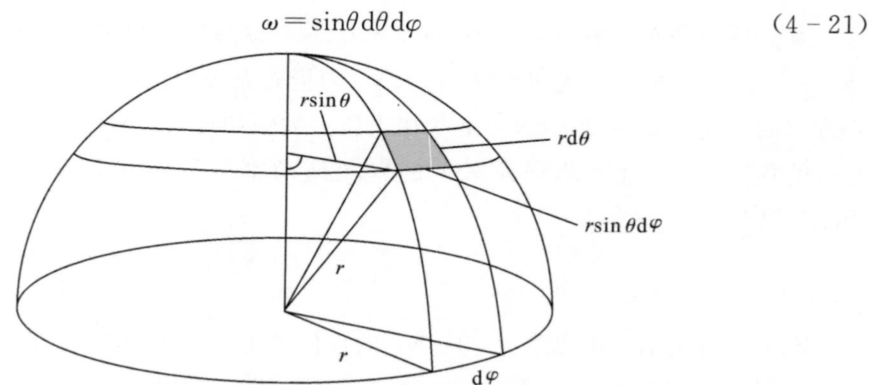

图 4.10 半球上无穷小光斑实心角的计算示意图

设 $E(\theta,\varphi)$为来自(θ,φ)方向的辐照度，则从(θ,φ)方向落在小光斑上的辐照度为 $E(\theta,\varphi)\cos\theta$，其中系数 $\cos\theta$ 是考虑到若辐照度以一定角度落在光斑上，则辐照度会减小 $\cos\theta$。对半球的所有无穷小光斑进行积分得

$$E=\int_0^{2\pi}\int_0^{\pi/2}E(\theta,\varphi)\sin\theta\cos\theta\,\mathrm{d}\theta\,\mathrm{d}\varphi \tag{4-22}$$

这是落在光斑上的总辐照度。根据辐照度的方向，每个方向反射的光量由 BRDF 描述。因此，光斑反射到观察者方向的辐照度为

$$L(\boldsymbol{N}_V)=\int_0^{2\pi}\int_0^{\pi/2}f(\theta,\varphi,\boldsymbol{N}_V)E(\theta,\varphi)\sin\theta\cos\theta\,\mathrm{d}\theta\,\mathrm{d}\varphi \tag{4-23}$$

假设已知观测物体材料的 BRDF，那么就可以使用以上公式来计算辐照度。接下来，深入了解两种理想化的表面——朗伯表面和完美镜面的 BRDF。

3. 完美镜面的 BRDF

如果入射光来自(θ_L,φ_L)方向，所有光线都会反射到$(\theta_L,\varphi_L+\pi)$方向。在这种情况下，有

$$L(\theta_V,\varphi_V)=E(\theta_L,\varphi_L+\pi) \tag{4-24}$$

此时 BRDF 为

$$f(\theta_L,\varphi_L,\theta_V,\varphi_V)=\frac{L(\theta_V,\varphi_V)}{E(\theta_L,\varphi_L)}=\frac{\delta(\theta_V-\theta_L)\delta(\varphi_V-\varphi_L-\pi)}{\sin\theta_L\cos\theta_L} \tag{4-25}$$

式中:δ 为狄拉克三角函数。

4. 朗伯表面的 BRDF

该表面对所有方向入射光的反射率相同,哑光物体发出的辐射可以用朗伯表面的 BRDF 来近似表示。如果辐照在各个方向的反射率相同,则 BRDF 必须是一个常数。如果辐照度都没有被吸收,则表面发出的辐射度一定等于辐照度。设 L 为点光源的辐射率,$\boldsymbol{N}_L$ 为光源方向的法向量,则落在表面上的辐照度为 $E = L\boldsymbol{N}_{Obj}\boldsymbol{N}_L$。设 f 为恒定的 BRDF,则每个方向(θ ,φ)发出的辐照度 L_{Obj} 为

$$L_{Obj}(\theta,\varphi)=fE=fL\boldsymbol{N}_{Obj}\boldsymbol{N}_L=fL\cos\alpha \tag{4-26}$$

式中:α 为光斑法向量与光源方向的夹角。若对光斑上方的半球进行积分,就可得到光斑发出的总辐射量。

$$\begin{aligned}\int_0^{2\pi}\int_0^{\pi/2}L_{Obj}(\theta,\varphi)\cos\theta\sin\theta\,d\theta\,d\varphi &=\int_0^{2\pi}\int_0^{\pi/2}fL\cos\alpha\cos\theta\sin\theta\,d\theta\,d\varphi\\ &=\pi fL\cos\alpha\int_0^{\pi/2}2\sin\theta\cos\theta\,d\theta\\ &=\pi fL\cos\alpha[\sin^2\theta]_0^{\pi/2}\\ &=\pi fL\cos\alpha\end{aligned} \tag{4-27}$$

如果没有光被吸收,则总辐射量等于落在光斑上的辐射量,即有

$$\pi fL\cos\alpha=L\cos\alpha \tag{4-28}$$

因此,朗伯表面的 BRDF 为

$$f(\boldsymbol{N}_L,\boldsymbol{N}_V)=\frac{1}{\pi} \tag{4-29}$$

通过上述 BRDF,可计算出被点光源照射的朗伯表面发出的辐射率为

$$L_{Obj}=\sum_{i=1}^{n}\frac{1}{\pi}L_i\boldsymbol{N}_{Obj}\boldsymbol{N}_{L_i} \tag{4-30}$$

式中:n 为光源个数;$\boldsymbol{N}_{L_i}$ 为指向光源 i 方向的法向量。若所有光源的辐射度近似相等,则有

$$L_{Obj}=\sum_{i=1}^{n}\frac{1}{\pi}L\boldsymbol{N}_{Obj}\boldsymbol{N}_{L_i}=\frac{1}{\pi}L\boldsymbol{N}_{obj}\sum_{i=1}^{n}\boldsymbol{N}_{L_i}=\frac{n}{\pi}L\boldsymbol{N}_{Obj}\boldsymbol{N}_{Lavg}=\frac{n}{\pi}L\cos\alpha \tag{4-31}$$

式中:α 是表面法向量与指向平均光向量方向的向量之间的夹角。

$$\boldsymbol{N}_{Lavg}=\frac{1}{n}\sum_{i=1}^{n}\boldsymbol{N}_{L_i} \tag{4-32}$$

5. 阴天照明

另一种经常发生的情况是在阴天或有白色墙壁和间接照明的明亮房间进行照

明，在这两种情况下，我们都假定落在地面上方半球的一小块上的辐射是恒定的。设 α 为光斑的法向量与指向半球顶的向量之间的夹角，则辐照度 E 的计算公式为

$$E(\theta,\varphi)=\begin{cases}E, & 0\leqslant\theta\leqslant\dfrac{\pi}{2}, \quad 0\leqslant\varphi\leqslant\pi \\ E, & 0\leqslant\theta\leqslant\dfrac{\pi}{2}-\alpha, \quad \pi\leqslant\varphi\leqslant 2\pi \\ 0, & 其他\end{cases} \tag{4-33}$$

也就是说，除了一小部分半球外，光斑被均匀照射，如图 4.11 所示。给定辐照度，则可以计算光斑发出的辐射强度 L。

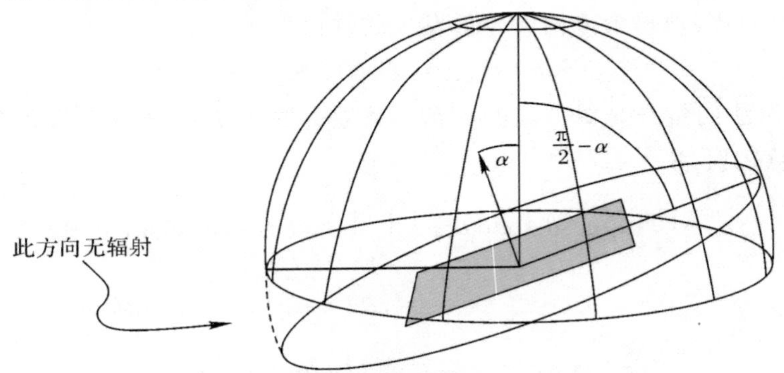

图 4.11 阴天照明辐射方向示意图

$$\begin{aligned}L &=\int_0^{2\pi}\int_0^{\pi/2}\frac{1}{\pi}E(\theta,\varphi)\sin\theta\cos\theta\,\mathrm{d}\theta\,\mathrm{d}\varphi \\ &=\int_0^{\pi}\int_0^{\pi/2}\frac{1}{\pi}E\sin\theta\cos\theta\,\mathrm{d}\theta\,\mathrm{d}\varphi+\int_0^{\pi}\int_0^{\pi/2-\alpha}\frac{1}{\pi}E\sin\theta\cos\theta\,\mathrm{d}\theta\,\mathrm{d}\varphi \\ &=\frac{E}{2}\int_0^{\pi/2}2\sin\theta\cos\theta\,\mathrm{d}\theta+\frac{E}{2}\int_0^{\pi/2-\alpha}2\sin\theta\cos\theta\,\mathrm{d}\theta \\ &=\frac{E}{2}[\sin^2\theta]_0^{\pi/2}+\frac{E}{2}[\sin^2\theta]_0^{\pi/2-\alpha} \\ &=\frac{E}{2}+\frac{E}{2}\sin^2\left(\frac{\pi}{2}-\alpha\right)=\frac{E}{2}(1+\cos^2\alpha)\end{aligned} \tag{4-34}$$

4.4 辐射光源

光源一般用其功率谱来描述的。图 4.12 显示了几种不同辐射光源的功率谱。分别为 Sylvania 75 W 卤素灯泡、Macbeth 5000 K 荧光灯、飞利浦 Ultralume 荧光灯和 Sylvania 冷白荧光灯管的功率谱[38]。一些颜色恒常性算法试图找出传感器测量到的特定色彩是由哪种类型的光源产生的。如果已知物体某一特定部分的整体功率

谱，并且知晓所使用的光源种类，那么计算 BRDF 会变得相对简单。

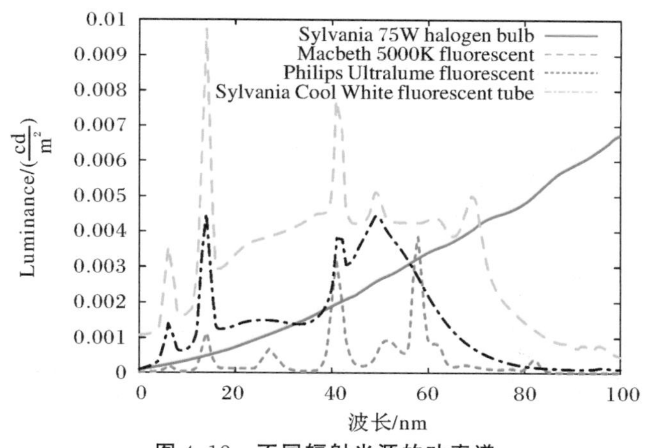

图 4.12 不同辐射光源的功率谱

设 $L(\lambda)$ 为测量的功率谱，$E(\lambda)$ 为光源的功率谱，假设物体表面为朗伯表面，BRDF 与光斑 $\boldsymbol{N}_{\mathrm{Obj}}$ 的法向量无关，也与指向光源 $\boldsymbol{N}_{\mathrm{L}}$ 方向的法向量无关，则有

$$f(\lambda)=\frac{L(\lambda)}{E(\lambda)} \tag{4-35}$$

黑体是热物理中的核心概念，许多自然光源的辐射特性可以使用黑体来近似描述。因此，通过引入这一概念，可以有效地约束可能的光源类型。一个黑体理论上会吸收所有入射到其上的辐射。但根据热力学的规律，它会再次发射这些吸收的辐射。为了实验性地模拟一个黑体，可以制造一个保持一定温度的凹面容器，只有通过一个非常小的孔才能允许辐射进出。这个孔的大小设计得非常小，以确保进出的辐射不会影响容器内的整体温度。黑体的功率谱 $L(\lambda,T)$ 取决于它的温度 T。这种辐射器称为朗伯辐射器，功率谱描述为

$$L(\lambda,T)=\frac{2hc^2}{\lambda^5}\frac{1}{(e^{\frac{hc}{k_B T\lambda}}-1)} \tag{4-36}$$

式中：T 为以开尔文为单位测量的黑体温度；h 为普朗克常数，h= 6.626 176×10^{-34} Js；k_B 为玻尔兹曼常数，k_B= 1.380 6×10^{-23} J/K；c 为光速，c= 2.997 9×10^{8} m/s。黑体辐射器在不同温度下的功率谱如图 4.13 所示。随着辐射器温度的升高，最大值向低波长移动。最大发射波长由维恩定律描述为

$$\lambda_{\max}\approx\frac{2.897\times10^{-3}\ \mathrm{m}\cdot\mathrm{k}}{T} \tag{4-37}$$

许多常见的光源，例如蜡烛、灯泡和太阳，都可以通过黑体辐射来近似描述其发光特性，例如，低温火焰，蜡烛，主要发出光谱中红色的光。但随着火焰温度的上升，它的颜色会从红色转变为白色，当温度非常高时，如切割焊接所产生的火焰，火焰甚至会显现出蓝色。在图 4.13 中的颜色表示了在不同的温度范围内，一个黑体发出的

光的颜色。实际物体的发射辐射往往会比黑体辐射低。

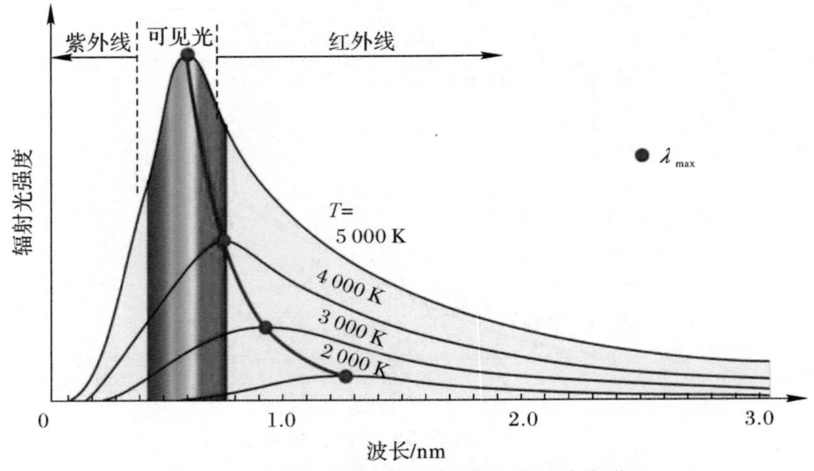

图 4.13　不同温度下黑体辐射器的功率谱

国际照明委员会(CIE)定义了一套用于色度测量的标准照度(国际照明委员会，1996 年)。图 4.14 显示了 CIE 标准中几种光源的功率谱。

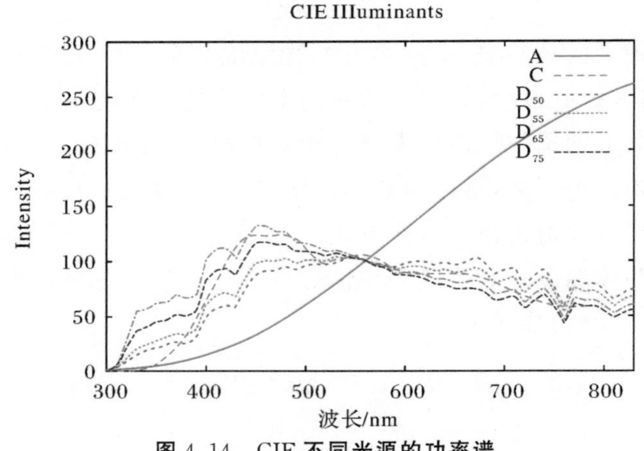

图 4.14　CIE 不同光源的功率谱

4.5　传感器响应

如果知道使用的光源类型，那么只需测量物体上某区域反射的功率谱，即可准确推算出该区域的反射率。然而，如果没有获得反射光的完整功率谱，那么推算其反射率的过程就会变得更加复杂。正如我们在第 2 章所讨论的，人类的视觉系统中有专门的感受器负责对光的反应。锥状体是这些感受器中的一种，主要负责颜色的感知。存在三种不同类型的锥状体：一种对光谱中的红色部分反应最敏感，一种对绿色部分最为敏感,还有一种则是对蓝色部分最为敏感。需要指出的是,这些锥状体对整个可见光谱都有反应,而非仅仅对某一特定波长的光敏感。同理,图像传感器也设计为对可见光的整个波长范围进行感应。图 4.15 中为 ISG4006 图像传感器光谱响应曲线。

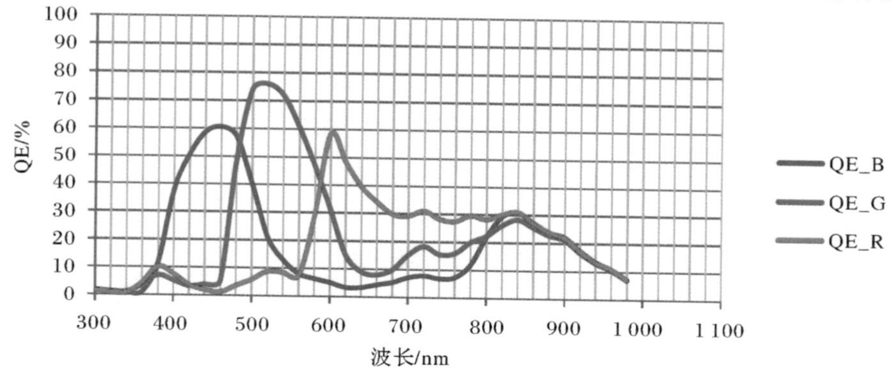

图 4.15　ISG 4006 图像传感器响应曲线

为了获得传感器的输出,我们需要对所有可能波长的响应进行积分。假设 $E(\lambda, x_I)$ 是波长为 λ 的辐照度,落在传感器阵列上位于 x_I 位置的一个无限小的光斑上。设 $S(\lambda)$ 为传感器响应函数。也就是说,若有红、绿、蓝 3 种不同类型的传感器,则 $S_i(\lambda)$ 描述的是第 i 个传感器的响应曲线,其中 $i \in \{r、g、b\}$。传感器测量到的强度 I 的计算公式为

$$I(x_I)=\int E(\lambda, x_I) S_i(\lambda) \mathrm{d}\lambda \tag{4-38}$$

其中,积分是在所有波长上进行的。

如 4.2 节所述,已知传感器阵列的辐照度与相应物体光斑发出的辐照度成正比。为简单起见,假设缩放因子为 1,即 $E(\lambda, x_I) = L(\lambda, x_{\mathrm{Obj}})$,其中 x_{Obj} 是投射到传感器阵列 x_I 上的物体光斑的位置,则可得到传感器测量强度的表达式为

$$I(x_I)=\int L(\lambda, \boldsymbol{x}_{\mathrm{Obj}}) \mathrm{S}_{\mathrm{i}}(\lambda) d\lambda \tag{4-39}$$

利用 4.3 节中的反射模型。假设物体是一个朗伯表面,对于朗伯表面,BRDF 是常数,但该常数取决于光的波长。用 $R(\lambda, x)$ 表示该常数,即表面上每个点 x 的反射率。朗伯表面发出的辐射率等于光源发出的辐射率与反射率的乘积,但有一个比例系数,该系数取决于表面 $\boldsymbol{N}_{\mathrm{Obj}}$ 的法向量与光源 $\boldsymbol{N}_{\mathrm{L}}$ 方向之间的夹角 α。设 $G(\boldsymbol{x}_{\mathrm{Obj}})$ 为 $\boldsymbol{x}_{\mathrm{Obj}}$ 位置处的缩放因子。对于用点光源照射的朗伯曲面,有

$$G(\boldsymbol{x}_{\mathrm{Obj}})=\cos\alpha=\boldsymbol{N}_{\mathrm{Obj}} \boldsymbol{N}_{\mathrm{L}} \tag{4-40}$$

式中:α 是表面法向量与指向 $\boldsymbol{x}_{\mathrm{Obj}}$ 位置光源方向的向量之间的夹角,得到光斑发出的辐射率 $L(\lambda, \boldsymbol{x}_{\mathrm{Obj}})$ 为

$$L(\lambda, \boldsymbol{x}_{\mathrm{Obj}})=R(\lambda, \boldsymbol{x}_{\mathrm{Obj}}) L(\lambda) G(\boldsymbol{x}_{\mathrm{Obj}}) \tag{4-41}$$

其中,$L(\lambda)$ 是光源发出的辐射率,由此得出传感器测量的强度 I 为

$$
\begin{aligned}
I(\boldsymbol{x}_I) &= \int R(\lambda, \boldsymbol{x}_{\mathrm{Obj}}) L(\lambda) G(\boldsymbol{x}_{\mathrm{Obj}}) \boldsymbol{S}(\lambda) \mathrm{d}\lambda \\
&= G(\boldsymbol{x}_{\mathrm{Obj}}) \int R(\lambda, \boldsymbol{x}_{\mathrm{Obj}}) L(\lambda) \boldsymbol{S}(\lambda) \mathrm{d}\lambda
\end{aligned} \tag{4-42}
$$

这种彩色图像成像模型是许多颜色恒常性算法的基础。

传感器的响应特性往往可以用三角函数的形状来近似描述。尽管不同传感器的具体响应曲线可能有所不同,但大多数传感器的响应曲线在特定波长范围内呈现出山峰状,类似于三角函数。假设传感器的响应特性可以用三角函数来描述,可以得出:

$$
S_i(\lambda) = \delta(\lambda - \lambda_i) \tag{4-43}
$$

其中,$i \in \{\mathrm{r}, \mathrm{g}, \mathrm{b}\}$。传感器 S_r 响应光谱红色部分的单一波长 λ_r,传感器 S_g 响应光谱绿色部分的单一波长 λ_g,传感器 S_b 响应光谱蓝色部分的单一波长 λ_b。根据传感器的这一假设,可得到

$$
\begin{aligned}
I_i(\boldsymbol{x}_I) &= G(\boldsymbol{x}_{\mathrm{Obj}}) \int R(\lambda, \boldsymbol{x}_{\mathrm{Obj}}) L(\lambda) S_i(\lambda) \mathrm{d}\lambda \\
&= G(\boldsymbol{x}_{\mathrm{Obj}}) \int R(\lambda, \boldsymbol{x}_{\mathrm{Obj}}) L(\lambda) \delta(\lambda - \lambda_i) \mathrm{d}\lambda \\
&= G(\boldsymbol{x}_{\mathrm{Obj}}) R(\lambda_i, \boldsymbol{x}_{\mathrm{Obj}}) L(\lambda_i)
\end{aligned} \tag{4-44}
$$

得出传感器 i 在传感器阵列 x_I 位置测量到的强度 $I_i(x_I)$。

在这种假设条件下,图像像素的每个颜色通道的强度与特定位置的物体的反射率和特定波长光源的光强度之积成正比。此外,根据场景的具体几何形态,计算的结果可能需要适当的调整。这主要适用于没有镜面反射特性的物体,如朗伯表面,对于这种表面,反射光并不随观察角度改变而改变。

对于每个图像点,我们通常只能测量 3 个值,这 3 个值代表从传感器捕捉到的光谱中的红、绿和蓝三部分的强度。这样,我们得到了一个 RGB 色彩空间,在这个空间中,每个颜色由 3 个数字值表示。实际上,获得的结果会受到使用的具体传感器类型的影响。为了便于在不同的设备之间交换图像数据,已经定义了多种标准的色彩空间,我们将在下一章节中深入探讨。

在处理颜色恒定性问题时,一个关键任务是估算物体的反射率。我们需要从仅有的 3 个输入值中提取出至少 6 个未知数(分别代表物体位置的 3 个颜色的反射率和照射在物体上的辐照度)。

4.6 反射率近似——有限基函数

反射率可以用一组有限的基函数来近似[39,40]。如果将反射率空间分解为一组有限的 n_R 基函数 $\hat{\boldsymbol{R}}_i (i \in \{1, \cdots, n_R\})$,那么给定波长 λ 的反射率 $R(\lambda)$ 可以表示为

$$
R(\lambda) = \sum_i R_i \hat{\boldsymbol{R}}_i(\lambda) \tag{4-45}
$$

式中：R_i 为基函数的系数。

基向量可以通过主成分分析法得到。同样，照度也可分解为一组基函数。大多数表面反射率只需使用 3 个基函数即可建模。3～5 个基函数足以模拟大多数日光光谱。因此，在实际应用中，只需使用 3 个传感器响应即可。如果光源中包含一些小的尖峰也没关系，因为视觉系统会对可用光线进行整合。

Funt 及其团队利用有限维线性模型研究表面间的反射互动，以恢复环境光照和表面的反射率。Ho 等提出了一种方法，将色彩信号频谱分为反射和光照两部分，并通过寻找给定色彩信号的最小二乘法适应来确定基函数的系数。但是，为了实现这个目标，必须有完整的彩色频谱，而不仅是来自传感器的测量值。Ho 等提出从色差测量中获得所需的彩色频谱。而 Novak 和 Shafer 则使用已知的光谱特性的彩色标准，来估计未知光源的光谱功率分布。

4.5 节已经介绍了彩色图像形成的标准模型。假设反射率由一组基函数近似表示。若继续假设光源在整个图像上是均匀的，并且 $G(\boldsymbol{x}_{Obj})=1$，则有

$$\begin{aligned} I(\boldsymbol{x}_I) &= \int L(\lambda)S(\lambda)\sum_i R_i(\boldsymbol{x}_{Obj})\hat{\boldsymbol{R}}_i(\lambda)\mathrm{d}\lambda \\ &= \sum_i \int L(\lambda)S(\lambda)R_i(\boldsymbol{x}_{Obj})\hat{\boldsymbol{R}}_i(\lambda)\mathrm{d}\lambda = \boldsymbol{AR} \end{aligned} \tag{4-46}$$

式中：$\boldsymbol{A}$ 为 $n_R \times n_S$ 矩阵，表示具有 n_S 个不同光谱灵敏度的传感器；$\boldsymbol{R}$ 为反射系数向量，$\boldsymbol{R}=[R_1,\cdots,R_{nR}]^{\mathrm{T}}$。矩阵 $\boldsymbol{A}$ 称为照明矩阵。对于光源 L，$A_{ji}(L)$的元素取值为

$$A_{ji}(L)=\int L(\lambda)S_j(\lambda)\hat{\boldsymbol{R}}_i(\lambda)\mathrm{d}\lambda \tag{4-47}$$

因此，传感器的测量结果可视为反射率的线性变换。考虑 $i\in\{\mathrm{r},\mathrm{g},\mathrm{b}\}$ 的三个波长 λ_i，则照明矩阵的计算公式为

$$\boldsymbol{A}=\begin{pmatrix} S_1(\lambda_r)L(\lambda_r) & S_1(\lambda_g)L(\lambda_g) & S_1(\lambda_b)L(\lambda_b) \\ S_2(\lambda_r)L(\lambda_r) & S_2(\lambda_g)L(\lambda_g) & S_2(\lambda_b)L(\lambda_b) \\ S_3(\lambda_r)L(\lambda_r) & S_3(\lambda_g)L(\lambda_g) & S_3(\lambda_b)L(\lambda_b) \end{pmatrix} \tag{4-48}$$

当 $\lambda\neq\lambda_i$ 时，假设 $\hat{\boldsymbol{R}}_i(\lambda_i)=1$ 和 $\hat{\boldsymbol{R}}_i(\lambda)=0$。若已知光照度 $L(\lambda_i)$的估计值，且已知传感器 $S(\lambda)$的响应函数，则可通过计算来估计反射率 R

$$R=\boldsymbol{A}^{-1}I \tag{4-49}$$

以上只能在光源均匀的情况下进行计算。在颜色恒常性算法设计时，有两条路可走。一种是准确估计反射率，这对于物体识别尤为重要。如果知道反射率，物体识别就会变得容易得多。另一种可能是计算在典型光源（如白色光源）下出现的颜色。这是两个不同的目标，两者都有其合理性。在第一种情况下（计算反射率），色彩常数描述符 $\boldsymbol{D}$ 的值为

$$\boldsymbol{D}=\boldsymbol{A}^{-1}(L)I=\boldsymbol{A}^{-1}(L)\boldsymbol{A}(L)\boldsymbol{R}=\boldsymbol{R} \tag{4-50}$$

对于后一种情况（在标准光照度 L_c 下计算颜色），色彩常数描述符的计算公式为

$$\boldsymbol{D}=\boldsymbol{A}(L_c)\boldsymbol{A}^{-1}(L)I=\boldsymbol{A}(L_c)\boldsymbol{A}^{-1}(L)\boldsymbol{A}(L)\boldsymbol{R}=\boldsymbol{A}(L_c)\boldsymbol{R} \tag{4-51}$$

为了解决颜色恒定性问题，经常需要一些基本假设。其中一个普遍的假设是，光照度在物体上是恒定或平滑变化的，而任何突然的亮度变化通常是由物体的颜色（即反射率）的变化导致的。有些研究方法还基于"灰度世界"假设，即大多数场景的平均反射率趋近于中性灰。这种"灰度世界"假设已经成为多种颜色恒定性算法的基础。在第 6 章中，我们会探讨这些算法的多种实现方法。而在确定了真实颜色之后，为了在各种显示设备上呈现，还需要对颜色进行编码和管理。接下来的章节将深入探讨各种常用的颜色空间。

4.7 本章小结

本章对色彩形成理论进行了全面而深入的探讨。从数字成像技术的原理和应用，到辐射测量技术的细致描述，再到反射率模型的理解和传感器响应的分析，每一部分都为读者展示了色彩是如何在各种条件和技术背景下形成的。这些知识不仅帮助我们深入了解色彩的本质和形成机制，还为相关领域的研究和应用提供了宝贵的理论基础，尤其是颜色恒常性的研究。通过对本章的学习，读者可以更为准确地理解色彩在数字图像中的重要性，以及各种技术在色彩形成中所起的作用。

第5章 颜色空间

人眼所感知到的物体的颜色由物体反射光的特性所决定。颜色空间是三维颜色空间中的一个可见光子集，它包含某个颜色域的所有颜色。在图像处理和显示的过程中，为了能够正确地使用颜色，需要建立颜色空间，但没有哪一种颜色空间能够解决所有的颜色问题。每个颜色空间都是为特定任务创建的。如一些颜色空间被设计用于绘画程序，而其他颜色空间被设计用于颜色感知。常用的颜色模型主要 RGB、XYZ、sRGB、CIE LUV、CMY、HSL、HSV、YUV 等颜色空间。它们在不同的行业各有所指，但在计算机技术方面运用最为广泛。

5.1 RGB 颜色空间

人眼通过三种可见光对视网膜的椎状细胞的刺激来感受颜色，这些光在波长为 630 nm(红色)、530 nm(绿色)和 450 nm(蓝色)时最为敏感。RGB 颜色空间就是模拟人眼对三种不同颜色的响应所创建。

计算机颜色显示器显示颜色的原理与彩色电视机一样，都是采用 R、G、B 相加混色的原理，通过发射出三种不同强度的电子束，使屏幕内侧覆盖的红、绿、蓝磷光材料发光而产生颜色的。这种颜色的表示方法称为 RGB 颜色空间表示。在计算机中，用得最多的是 RGB 颜色空间表示。根据三基色原理，用基色光单位来表示光的量，则在 RGB 颜色空间，任意色光 F 都可以用 R、G、B 三色不同分量的相加混合而成。如图 5.1 所示，由 R、G 和 B 坐标轴定义的单位立方体来描述这个空间[41]。在三个坐标轴上的顶点代表三个基色，而余下的顶点则代表每一个基色的补色。RGB 颜色框架是一个加色空间，多种颜色的强度加在一起生成另一种颜色，立方体内的每一种颜色都可以表示为三基色的加权向量和。

$$F = aR + bG + cB \tag{5-1}$$

式中：a、b、c 表示三基色所占的比例，F 表示任意一点在颜色空间中颜色值。

当三基色分量都为 0(最弱)时混合为黑色光；当三基色分量都为 1(最强)时混合为白色光。任一颜色 F 是这个立方体坐标中的一点，调整三色系数 R、G、B 中的任一系数 a、b、c 都会改变 F 的坐标值，也即改变了 F 的颜色值。RGB 颜色空间采用物理三基色表示，因而物理意义很清楚，适合计算机进行处理。但 RGB 颜色空间通道之间关联性较高，如果一个通道发生改变，整个颜色可能会有较大的变化。

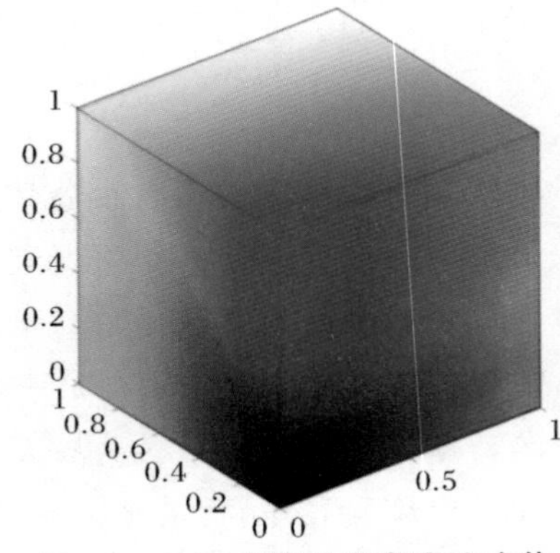

图 5.1 RGB 颜色空间颜色立方体

5.2 XYZ 颜色空间

RGB 颜色空间用来标定光谱色时，不仅会出现负刺激值，而且不便于计算，更不利于理解，因此 1931 年 CIE 在 RGB 颜色空间的基础上，将 R、G、B 三原色修改为假想的 X、Y、Z 三原色，建立了一个新的颜色空间体系。将该颜色空间中的三刺激值定义为“CIE1931 标准色度观察者光谱三刺激值”，简称为“CIE1931 标准色度观察者”。图 5.2 给出了 XYZ 颜色空间的色度匹配函数曲线。

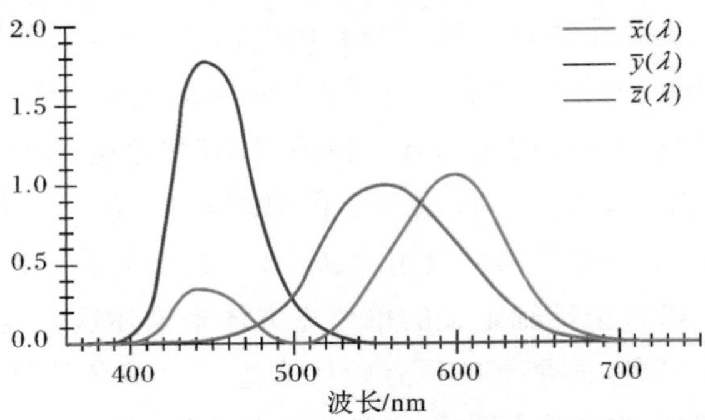

图 5.2 XYZ 颜色空间的色度匹配函数曲线

色刺激 $\varphi(\lambda)$ 的三刺激值 X、Y、Z 可以由下式计算得到：

$$X=\int_{vis} k\varphi(\lambda)x(\lambda)\mathrm{d}\lambda \tag{5-2}$$

$$Y=\int_{vis} k\varphi(\lambda)y(\lambda)\mathrm{d}\lambda \tag{5-3}$$

$$Z=\int_{vis} k\varphi(\lambda)z(\lambda)\mathrm{d}\lambda \tag{5-4}$$

对于物体色的色刺激，反射物为 $\varphi(\lambda)=R(\lambda)P(\lambda)$，透射物体为 $\varphi(\lambda)=T(\lambda)P(\lambda)$，其中，$P(\lambda)$ 为光照的光谱分布，$R(\lambda)$ 是反射物体的光谱反射率，$T(\lambda)$ 是透射物体的光谱反射率，k 为常数，通常计算如下：

$$k=100/\int_{vis} P(\lambda).\,y(\lambda)\mathrm{d}\lambda \tag{5-5}$$

可以将 RGB 空间图像通过如下公式进行转换：

$$\begin{pmatrix}X\\Y\\Z\end{pmatrix}=\begin{pmatrix}0.412\,5 & 0.357\,6 & 0.180\,4\\0.212\,7 & 0.715\,2 & 0.072\,2\\0.019\,3 & 0.119\,2 & 0.950\,2\end{pmatrix}\begin{pmatrix}R\\G\\B\end{pmatrix} \tag{5-6}$$

5.3 sRGB 颜色空间

sRGB 标准是由惠普和微软提出的[32]，它是 Windows 系统平台默认的色彩空间，也是美国数字电视广播的标准。目前，已在摄影、网络等行业应用。它基于校准的量热式 RGB 颜色空间（见图 5.3）。在日常工作使用中，需要根据所使用的显示设备的类型来应用不同的伽马因子。某些计算机（例如 Apple Macintosh 和 SGI 工作站）具有内部查找表，可用于调整给定图像的伽马值。如果设计师在一台计算机上创建数字图像，然后将该图像传输到另一台计算机，则该图像的外观将根据用于查看图像的计算机类型而有所不同。如今，图像最多用途是互联网的传播。为了在不同的系统上实现准确的颜色复制，生成系统的颜色配置文件（2003 年国际色彩联盟）必须附加到每张图像上。但是，在创建图像时，所使用的系统的相关颜色配置文件并不总是能与图像一起存储。另外，如果可以以某种方式推断出此配置文件，那么有时不用保存配置文件可能更方便，并且对于较旧的图像，数据可能根本不能用。创建 sRGB 标准是为了填补这个空白。

sRGB 标准假定了显示伽马值为 2.2，同时无需为每个图像存储颜色配置文件。此外，还定义了参考查看环境的参数。从 CIE（国际标准照明委员会）X、Y、Z 值到

sRGB 空间的转换可以通过公式(5－7)得到。

$$\begin{bmatrix} R_{sRGB} \\ G_{sRGB} \\ B_{sRGB} \end{bmatrix} = \begin{pmatrix} 3.2410 & -1.5374 & -0.4986 \\ -0.9692 & 1.8760 & 0.0416 \\ 0.0556 & -0.2040 & 1.0570 \end{pmatrix} \begin{bmatrix} X \\ Y \\ Z \end{bmatrix} \tag{5-7}$$

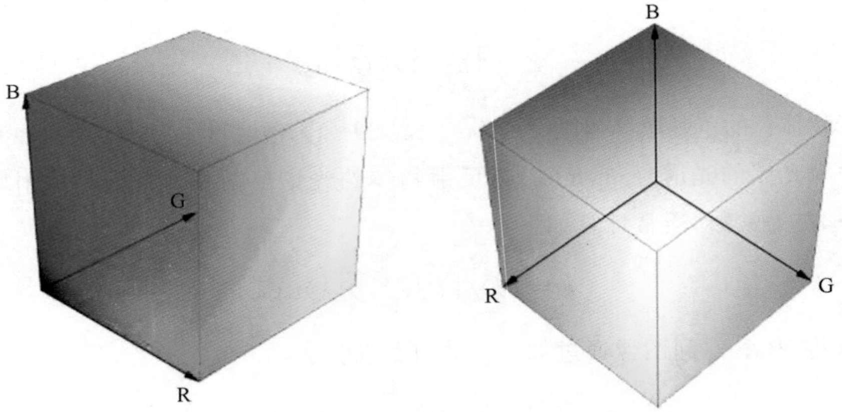

图 5.3 sRGB 颜色空间

位于范围[0,1]之外的三刺激 sRGB 值被剪切到范围[0,1]。对于小于或等于 0.003 130 8 的值，线性地执行伽马校正，并且对于大于 0.003 130 8 的值，非线性地执行伽马校正。

$$\text{gamma}(x) = \begin{cases} 12.92x, & x \leqslant 0.0031308 \\ 1.055x^{\frac{1}{2.4}} - 0.055, & x > 0.0031308 \end{cases} \tag{5-8}$$

该函数拟合了 $\gamma(x)=x^{\frac{1}{2.4}}$ 的标准伽玛函数。引入了两个部分，一个线性部分，另一个非线性部分，以允许使用整数运算实现可逆性。最后，将伽马校正后的 RGB 值映射到范围[0,255]。

逆变换按如下方式执行。在范围[0,255]中的 RGB 值映射到范围[0,1]。定义的 γ 函数的逆函数为

$$\text{gamma}^{-1}(x) = \begin{cases} \dfrac{1}{12.92}x, & x \leqslant 0.0031308 \\ \left(\dfrac{1}{1.055}(x+0.055)\right)^{2.4}, & x > 0.0031308 \end{cases} \tag{5-9}$$

最后 CIE XYZ 坐标的变换为

$$\begin{bmatrix} X \\ Y \\ Z \end{bmatrix} = \begin{pmatrix} 0.4124 & 0.3576 & 0.1805 \\ 0.2126 & 0.7152 & 0.0722 \\ 0.0193 & 0.1192 & 0.9505 \end{pmatrix} \begin{bmatrix} R_{sRGB} \\ G_{sRGB} \\ B_{sRGB} \end{bmatrix} \tag{5-10}$$

sRGB 标准的优点是可以兼容旧设备和旧图像。通过假设旧图像是 sRGB 颜色空间，可以很好地再现旧图像。现在许多显示设备、扫描仪和相机都支持 sRGB 标准。

5.4 CIE LUV 颜色空间

1976年，CIE（国际标准照明委员会）定义了在感知上比CIE XYZ颜色空间更均匀的三维颜色空间CIE 1976 L^*、u^*、v^*色彩空间[44]，一般简写为CIE LUV。LUV色彩空间用于自发光色彩从三刺激值X、Y和Z计算出三个坐标L^*、u^*和v^*，即

$$L^*=\begin{cases}116\left(\dfrac{Y}{Y_n}\right)^{\frac{1}{3}}-16, & \dfrac{Y}{Y_n}>0.008\,856\\ 903.3\left(\dfrac{Y}{Y_n}\right), & \dfrac{Y}{Y_n}\leqslant 0.008\,856\end{cases} \tag{5-11}$$

$$u^*=13L^*(u^*-u_n') \tag{5-12}$$

$$v^*=13L'(v^*-v_n') \tag{5-13}$$

式中：Y_n、u_n'和v_n'描述指定的白色物体颜色刺激，并且u_n'和v_n'的计算如下：

$$u_n'=\frac{9y}{x+15y+3z} \tag{5-14}$$

$$v_n'=\frac{9y}{x+15y+3z} \tag{5-15}$$

坐标u_n'和v_n'的范围约为[−100，100]。三维颜色空间基本上对XYZ坐标进行了变换，使L^*表示亮度，即由光谱灵敏度函数加权的辐射率。对于小于0.008 856的值，亮度曲线具有线性部分。CIE已经基本标准化了0.4次方函数，整体亮度曲线可以用0.4次方函数逼近。因此，CIE亮度近似于对反射率的响应。sRGB颜色立方体到$L^*u^*v^*$颜色空间的转换如图5.4所示。

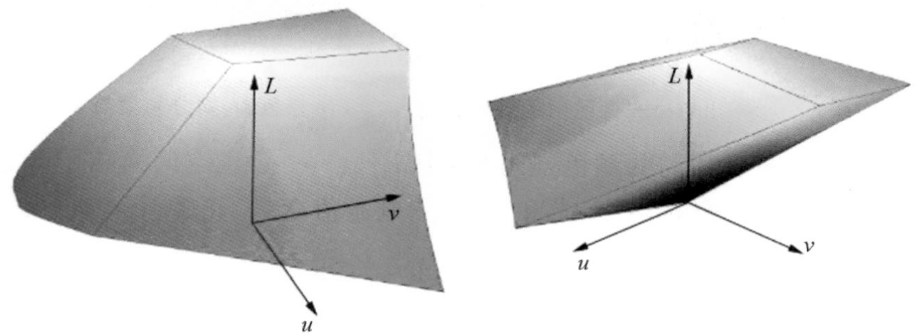

图5.4 sRGB立方体在LUV颜色空间

设$[L_1,u_1,v_1]$和$[L_2,u_2,v_2]$在LUV颜色空间中为两种不同的颜色。那么它们之间的颜色色差就是欧几里德距离。

$$\Delta E_{uv}^*=\sqrt{(L_1-L_2)^2+(u_1-u_2)^2+(v_1-v_2)^2} \tag{5-16}$$

ΔE_{uv}^*小于1的差异被认为是不可察觉的，1和4之间的差异可能会或可能不会

被察觉。如果差异大于 4，则很可能会察觉到差异。亮度、饱和度、色度和色调的相关性由下式给出：

$$L^* = 116\left(\frac{Y}{Y_n}\right)^{\frac{1}{3}} - 16, \quad \frac{Y}{Y_n} > 0.008\ 856 \tag{5-17}$$

$$s_{uv} = 13\sqrt{(u^* - u'_n)^2 + (v^* - v'_n)^2} \tag{5-18}$$

$$C^*_{uv} = \sqrt{u^{*2} + v^{*2}} = L^* s_{uv} \tag{5-19}$$

$$h_{uv} = \arctan\left(\frac{v^*}{u^*}\right) \tag{5-20}$$

两种颜色$[L_1, u_1, v_1]$和$[L_2, u_2, v_2]$的色调差异计算为

$$\Delta H^*_{uv} = \sqrt{(\Delta E^*_{uv})^2 - (\Delta L^*)^2 - (\Delta C^*_{uv})^2} \tag{5-21}$$

这种颜色系统的主要优点是颜色与强度是分离的。例如，如果我们看到一个由单一光源照亮的红色球体，那么球体表面的照明就会发生变化(见图 5.5)。因此，可以使用此信息来提取给定单个图像对象的三维形状，该研究领域被称为阴影形状。但是如果想分割图像，则需要定位属于球体的所有像素。使用颜色空间可以轻松完成此操作，其中颜色由亮度、饱和度和色调指定。例如，知道球体是红色的，就可以将 RGB 值转换为这样的颜色空间。所有具有红色色调的像素都可以被假定为属于该球体。

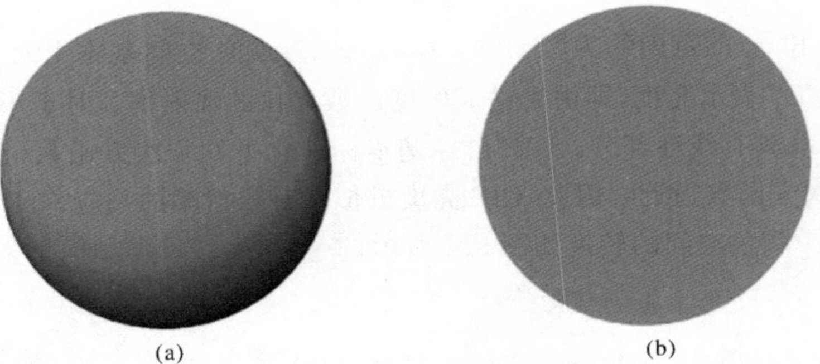

图 5.5　(a)由单个光源照射的球体；(b)如果仅考虑色调，则分割更简单

另一个感知上近似均匀的颜色空间是 CIE$L^*a^*b^*$颜色空间。这个颜色空间是用于表面颜色的。三个坐标 L^*、a^* 和 b^* 由三刺激值 X、Y 和 Z 计算如下：

$$L^* = \begin{cases} 116\left(\frac{Y}{Y_n}\right)^{\frac{1}{3}} - 16, & \frac{Y}{Y_n} > 0.008\ 856 \\ \text{[2ex]}903.3\left(\frac{Y}{Y_n}\right), & \frac{Y}{Y_n} \leqslant 0.008\ 856 \end{cases} \tag{5-22}$$

$$a^* = 500\left[f\left(\frac{X}{X_n}\right) - f\left(\frac{Y}{Y_n}\right)\right] \tag{5-23}$$

$$b^* = 200\left[f\left(\frac{Y}{Y_n}\right) - f\left(\frac{Z}{Z_n}\right)\right] \tag{5-24}$$

其中，X_n、Y_n、Z_n 描述了指定的白色物体颜色刺激，函数 f 定义为

$$f(X)=\begin{cases} X^{\frac{1}{3}}, & X>0.008\ 856 \\ \sqrt[3]{7.787X}\ 7.787X+\frac{16}{116}, & X\leqslant 0.008\ 856 \end{cases} \tag{5-25}$$

L^* 表示亮度，从 0(黑色)延伸到 100(白色)；a^* 坐标表示样品的红绿度；b^* 坐标表示黄蓝度。坐标 a^* 和 b^* 的范围约为[−100，100]。注意上述等式中的立方根。引入立方根以获得均匀的各向同性色立方体。视觉观察结果与在此统一坐标系中计算出的色差非常接近。sRGB 颜色立方体到 $L^*a^*b^*$ 颜色空间的变换如图 5.6 所示。

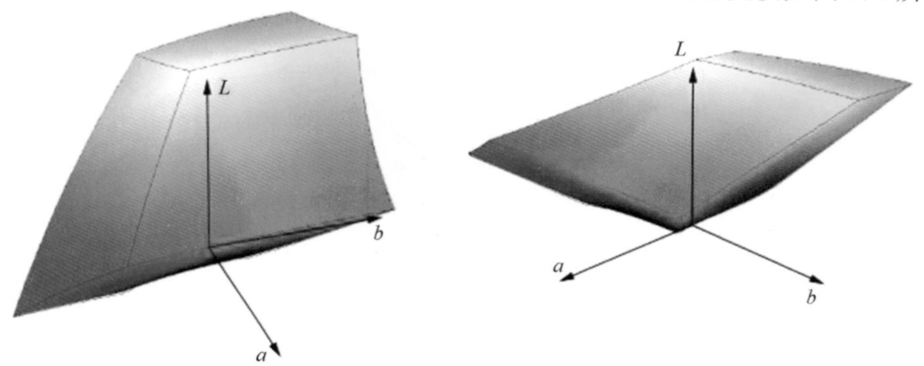

图 5.6 在 $L^*a^*b^*$ 颜色空间中可视化的 sRGB 立方体

同样，使用两个刺激之间的欧几里得距离来计算色差。设$[L_1,a_1,b_1]$和$[L_2,a_2,b_2]$为两种不同的颜色。那么它们之间的色差为

$$\Delta E^*_{ab}=\sqrt{(L_1-L_2)^2+(a_1-a_2)^2+(b_1-b_2)^2} \tag{5-26}$$

亮度、色度和色调的相关性由下列式子给出：

$$L^*=116\left(\frac{Y}{Y_n}\right)^{\frac{1}{3}}-16,\quad \frac{Y}{Y_n}>0.008\ 856 \tag{5-27}$$

$$C^*_{ab}=\sqrt{a^{*2}+b^{*2}} \tag{5-28}$$

$$h_{ab}=\arctan\left(\frac{b^*}{a^*}\right) \tag{5-29}$$

两种颜色$[L_1,a_1,b_1]$和$[L_2,a_2,b_2]$的色调差异计算为

$$\Delta H^*_{ab}=\sqrt{(\Delta E^*_{ab})^2-(\Delta L^*)^2-(\Delta C^*_{ab})^2} \tag{5-30}$$

5.5 CMY 颜色空间

在彩色打印中，我们通常使用 Cgan，Magenta，Yellow(CMY)颜色空间[41]，其中的颜色代表青色、品红色和黄色。这些彩色颜料是通过彩色打印机在纸上沉积来形成图像的。与屏幕显示设备通过光的组合来产生不同颜色的原理不同，打印机则是通过

在纸上添加颜料来创建颜色，再依靠颜料的光吸收和反射属性来呈现最终的彩色图像。

CMY颜色系统是基于减色原理的，意思是每种颜料能够吸收一种或多种原色。例如，黄色墨水能吸收蓝色光，这意味着当白光照射到黄色墨水上并从中反射时，蓝色光会被吸收，只有红色和绿色光会被反射。因此，黄色墨水的存在减少了原有的蓝色。

同理，青色墨水能吸收红色光。因此，反射的红光越多，所需的青色墨水量就越少。品红色墨水吸收绿色光，当反射的绿光增多时，需要的品红墨水量减少。黄色墨水吸收蓝色光，当蓝光反射得越多时，黄色墨水的使用量就越少。

CMY颜色模型对应的直角坐标系与RGB颜色模型的区别仅仅在于RGB原点对应的是黑色，以通过往黑色中加入某些颜色来获得其他颜色；而CMY原点对应的是白色，以通过往白色中加入某些颜色来获得其他颜色。如图5.7所示。

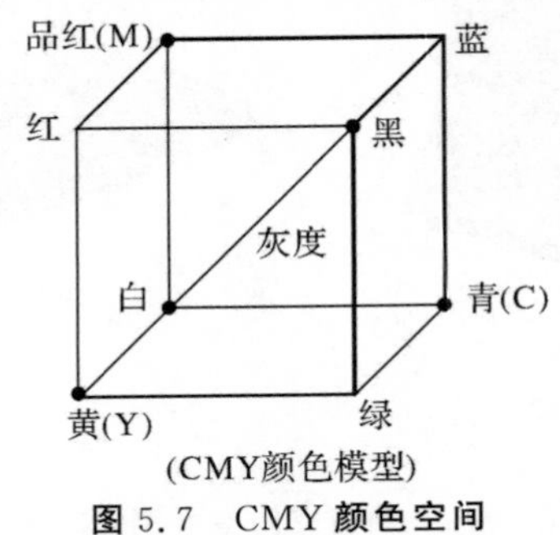

图5.7 CMY颜色空间

在使用CMY颜色空间进行打印时，通过青(C)、品红(M)、黄(Y)、黑(K)四种颜色的墨盒来产生一个颜色点，由于CMY混合后形成的是深灰色，所以K单独显示其中的黑色，这被称为CMYK颜色模型。假设我们想要打印一个RGB值在[0,1]范围内的颜色。相应的CMY值可以通过从[1,1,1]中减去RGB值来计算，即

$$\begin{bmatrix} C \\ M \\ Y \end{bmatrix} = \begin{bmatrix} 1 \\ 1 \\ 1 \end{bmatrix} - \begin{bmatrix} R \\ G \\ B \end{bmatrix} \tag{5-31}$$

当然，将sRGB转换为CMY或CMYK(Cgan,Magenta,Yellow,Black)所需的确切转换取决于打印机使用的彩色颜料的光谱吸光度曲线。

5.6 HSL颜色空间

HSL颜色空间是基于人类视觉系统来描述色彩的，它使用色调(Hue)、饱和度(Saturation)和亮度(Luminance)来表示颜色[45]。可以想象成一个圆锥形的模型来表示HSL颜色空间，其中色调是圆锥的角度，饱和度是距离圆锥中心的距离，亮度是圆锥的高度。

虽然HSL模型的表示比较复杂，但它能清晰地展示色调、饱和度和亮度的变化。

色调和饱和度合起来常被称为色度，表示颜色的类别和纯度。由于人的视觉系统对亮度的敏感度比对颜色饱和度的敏感度要高，HSL 颜色空间相较于 RGB 颜色空间更能符合我们的视觉特性。

在图像处理和计算机视觉中，许多算法都优先选择在 HSL 颜色空间中操作，因为其三个分量是相互独立的，使得处理更为简单和直观。不过，应该注意的是，HSL 空间的定义可能与线性 RGB 或非线性 RGB 有所不同，这意味着在不同的情境下，HSL 空间的解释可能会有所不同。但是，考虑到 HSL 仅是坐标系的转换，它可以与线性或非线性的 RGB 值兼容。

现在，我们将研究从 RGB 颜色空间到 HSL 颜色空间来回的转换。为了定义 HSL 颜色空间，我们在单位立方体内放置一个颜色三角形（见图 5.8）。三角形由三个点 $r=[1,0,0]$、$g=[0,1,0]$，$b=[0,0,1]$定义。HSL 三角形位于距原点$\frac{1}{\sqrt{3}}$的距离处，法线矢量指向灰色矢量的方向。完全饱和的颜色位于三角形的边界，不太饱和的颜色位于中心。色调被定义为从三角形的中心到红角的向量与从三角形的中心指向三角形上给定颜色的投影的向量之间的夹角。饱和度定义为添加到完全饱和颜色的白色量。亮度定义为像素的亮度。

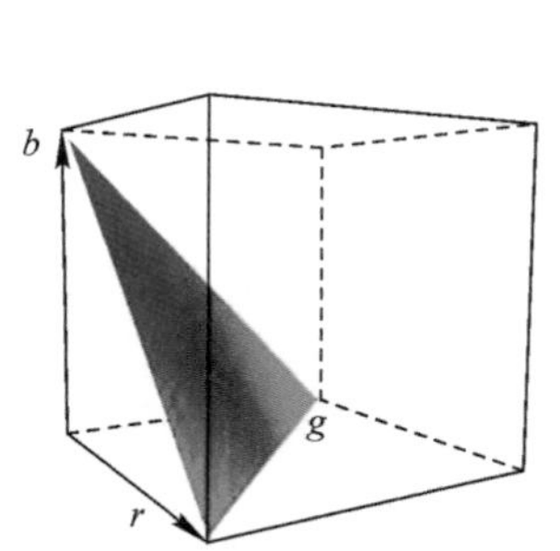

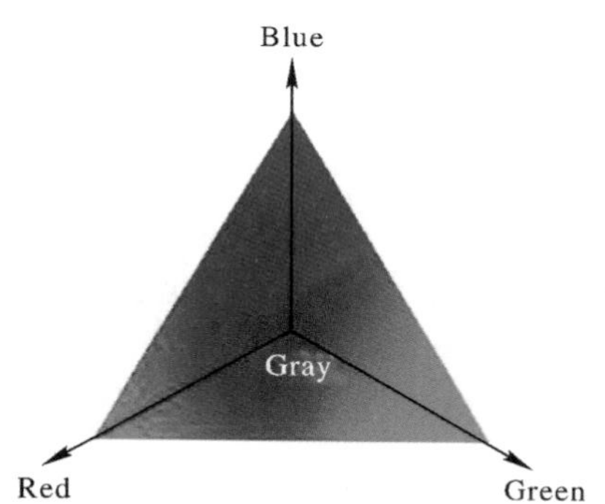

图 5.8　HSL 三角形位于距原点$\frac{1}{\sqrt{3}}$的距离处，三角形由点 [1,0,0],[0,1,0] 和 [0,0,1]定义

令 $c=[R,G,B]$是 RGB 空间中的一种颜色。从 RGB 空间到 HSL 空间的转换由下列式子给出

$$L=\frac{1}{3}(R+G+B) \tag{5-32}$$

$$H=\begin{cases}\dfrac{360°-\alpha}{360°}, & b>g \\ \dfrac{\alpha}{360°}, & \text{其他}\end{cases} \tag{5-33}$$

$$\alpha=\arccos\frac{2R-G-B,}{\sqrt{R^2+G^2+B^2-RG-GB-RB}} \tag{5-34}$$

$$S=1-\frac{\min\{R,G,B\}}{L} \tag{5-35}$$

从 HSL 空间到 RGB 空间的变换为

$$b=\frac{1}{3}(1-S) \tag{5-36}$$

$$r=\frac{1}{3}\left(1+\frac{S\cos\alpha}{\cos(\alpha-60°)}\right) \tag{5-37}$$

$$g=1-b-r \tag{5-38}$$

如果 $0<\alpha\leqslant120°$，它由下式给出

$$r=\frac{1}{3}(1-S) \tag{5-39}$$

$$g=\frac{1}{3}\left[1+\frac{S\cos\alpha}{\cos(\alpha-60°)}\right] \tag{5-40}$$

$$b=1-r-g \tag{5-41}$$

如果 $120°<\alpha\leqslant240°$ 且 $\alpha'=\alpha-120°$，它由下式给出：

$$g=\frac{1}{3}(1-S) \tag{5-42}$$

$$b=\frac{1}{3}\left[1+\frac{S\cos\alpha'}{\cos(\alpha'-60°)}\right] \tag{5-43}$$

$$r=1-b-g \tag{5-44}$$

如果 $240°<\alpha\leqslant360°$ 且 $\alpha'=\alpha-240°$，则有

$$r=\frac{R}{R+G+B}=\frac{R}{3L} \tag{5-45}$$

其中 L 是颜色点的亮度。类似地，$g=\frac{G}{3L}$ 和 $b=\frac{B}{3L}$。这样就可以计算出 R、G、B 为

$$R=3Lr \tag{5-46}$$

$$G=3Lg \tag{5-47}$$

$$B=3Lb \tag{5-48}$$

注意，必须注意不要对将在单位多维数据集之外指定 RGB 值的 HSL 值执行转换。假设从红色 $[R,G,B]=[1,0,0]$开始，如果把这个颜色转换成 HSL 空间，则得到 $[H,S,L]=[0,1,1/3]$。这是亮度 $L=1/3$ 的最大饱和颜色。在保持相同饱和度的情况下，不可能将强度进一步提高到 1。

5.7 HSV 颜色空间

HSV 颜色空间[46]根据的是手绘原理配色法，绘画者在作画时，通过改变色彩含量的多少和色彩明暗程度获得不同的色彩，比如在含量为 100%的红色中加入白色，使其明度增加，呈现出亮调、轻松的感觉；而加入黑色，使其明度降低，呈现出暗调、压抑的感觉。HSV 颜色模型是一种基于色彩三属性，即色调(Hue)、饱和度(Saturation)、

明度(Value)直观地对颜色描述的方法。它的三维模型是从 RGB 的立方体演变而来面向用户的颜色空间，如图 5.9 所示。用户可以选择一种光谱色，加入一定量的白色和黑色从而得到不同的明暗、色泽和色调，整个 HSV 颜色空间呈现出一个六棱锥体。位于椎体底部的六边形中，各顶点分别表示六种纯色：位于角度 0°的红色；120°的绿色；240°的蓝色以及和红色对应 180°的补色青；和绿色对应 180°的补色品红，和蓝色对应 180°的补色黄。六边形中心对应位置为 $S=0,V=1,H$ 为无定义的白色。圆锥顶点为 $V=0,H$ 和 S 均为未定义的黑色，六边形各顶点的颜色为 $V=1,S=1$ 的纯色。

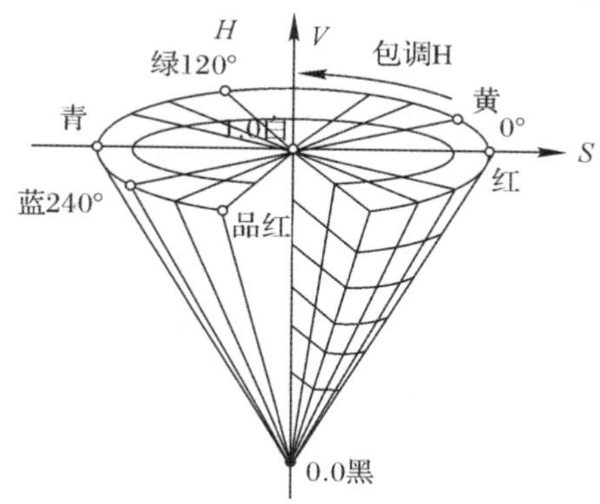

图 5.9　HSV 颜色空间

饱和度是根据 RGB 刺激的最大亮度和最小亮度定义的。最小亮度指定添加了多少白色以达到给定的颜色。当 RGB 颜色立方体沿灰轴投影到垂直于灰轴的平面上时，会得到图 5.9 所示的六棱锥体。不同大小的 RGB 颜色空间可以转换为 HSV 颜色空间，缩放度由值分量决定。如果对所有值 V 都这样做，就会得到一个六棱锥。因此，这种颜色空间也被称为六棱锥模型。图 5.10 显示了不同 V 值的六边形圆盘。

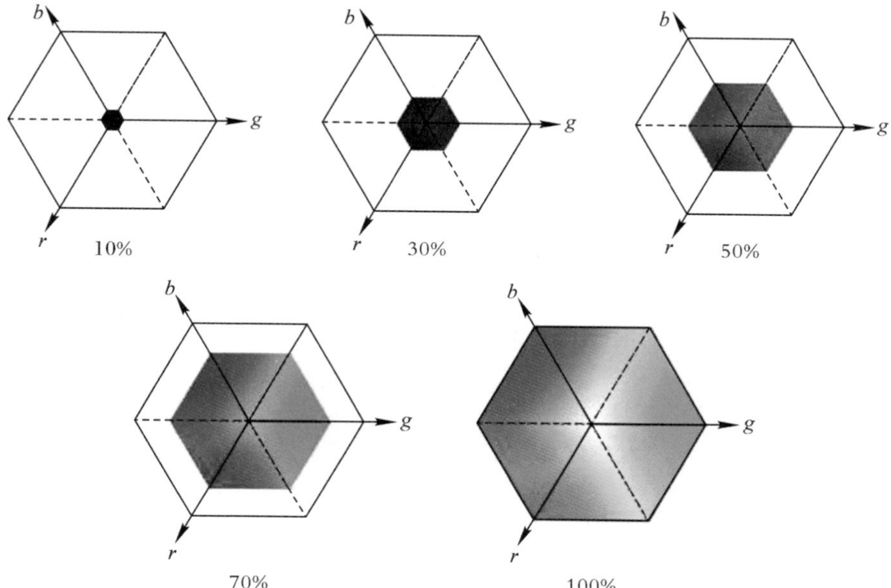

图 5.10　在 $V=0.1,V=0.3,V=0.5,V=0.7$ 和 $V=1.0$ 时的 HSV 颜色空间

饱和度 S 和色调 H 分量指定六边形磁盘内部的一个点。给定水平 V 的饱和度定义为指向给定颜色的向量的相对长度与指向边界或六边形圆盘上相应颜色的向量的长度。这导致如图 5.11 所示的常数 S 的一组基因座。色调 H 定义为从红色矢量开始的沿着常数 S 的基因座的线性长度。

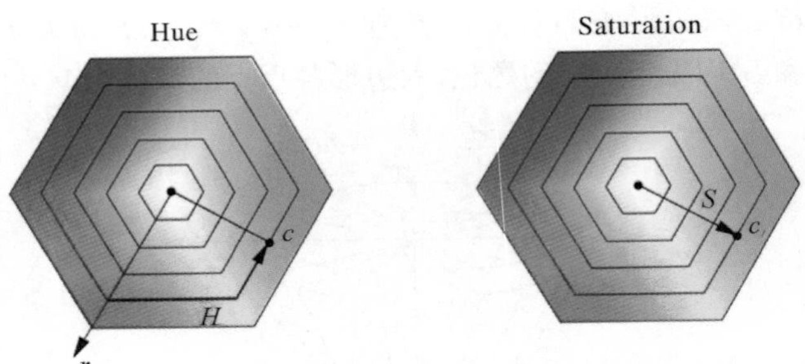

图 5.11　在 HSV 颜色空间中定义的颜色 c 的饱和度和色调

注意，HSV 颜色空间的色调和饱和度的定义与 HSL 颜色空间的色调和饱和度的定义不同。在 HSL 颜色空间中，色调被定义为围绕灰色矢量的一个角度。在 HSV 颜色空间中，色调被定义为恒定饱和度轨迹周围的线性距离。

从 RGB 颜色空间到 HSV 颜色空间的转换方法为

$$V=\max\{R,G,B\} \tag{5-49}$$

$$S=\frac{\max-\min}{\max} \tag{5-50}$$

$$H=\begin{cases}\frac{1}{6}\frac{G-B}{\max-\min}, & R=\max\\ \frac{1}{6}\left(2+\frac{B-R}{\max-\min}\right), & G=\max\\ \frac{1}{6}\left(4+\frac{R-G}{\max-\min}\right), & B=\max\end{cases} \tag{5-51}$$

其中，$\max=\max\{R、G、B\}$和 $\min=\min\{R、G、B\}$。V、S 和 H 这三个分量都在$[0,1]$的范围内。如果饱和度 S 等于零，从 HSV 返回到 RGB 的转换是由

$$[R,G,B]=[V,V,V] \tag{5-52}$$

如果饱和度不为零，则 RGB 分量由下式给出：

$$[R,G,B]=[V,K,M] \tag{5-53}$$

$$[R,G,B]=[V,K,M],\quad 0\leqslant H<\frac{1}{6} \tag{5-54}$$

$$[R,G,B]=[N,V,M],\quad \frac{1}{6}\leqslant H<\frac{2}{6} \tag{5-55}$$

$$[R,G,B]=[M,V,K],\quad \frac{2}{6}\leqslant H<\frac{3}{6} \tag{5-56}$$

$$[R,G,B]=[M,V,N],\quad \frac{3}{6}\leqslant H<\frac{4}{6} \tag{5-57}$$

$$[R,G,B]=[K,M,V],\quad \frac{4}{6}\leqslant H<\frac{5}{6} \tag{5-58}$$

$$[R,G,B]=[V,M,N],\quad \frac{5}{6}\leqslant H<1 \tag{5-59}$$

其中，M、N 和 K 定义为

$$M=V(1-S) \tag{5-60}$$

$$N=V(1-SF) \tag{5-61}$$

$$K=V[1-S(1-F)] \tag{5-62}$$

HSV 和 HSL 颜色空间确实存在一些局限性。例如，对于颜色值[0.01, 0.0]，尽管它的饱和度达到 1，但从实际的视觉效果来看，这与黑色（饱和度为零）相差无几。这意味着在图像的暗部，饱和度往往会受到噪声的影响，导致不真实的颜色描述。尽管 HSV 因其直观性而在图像编辑工具中被广泛采用，但由于其结构和定义，它并不适用于某些光照模型。特别是在进行光线混合或光照强度的计算时，直接使用 HSV 可能不会产生准确的结果。

5.8 YUV 颜色空间

YUV 颜色空间[47,48]是一个用于视频编码的颜色空间，“Y”表示明亮度（Luminance 或 Luma），也就是灰阶值，“U”和“V”表示的则是色度（Chrominance 或 Chroma），其作用是描述影像色彩及饱和度，用于指定像素的颜色。

在最近十年中，视频工程师发现人眼对色度的敏感程度要低于对亮度的敏感程度。在生理学中，有一条规律，那就是人类视网膜上的视网膜干细胞要多于视网膜锥细胞，通俗来讲，视网膜干细胞的作用就是识别亮度，而视网膜锥细胞的作用就是识别色度。因此，眼睛对于亮和暗的分辨要比对颜色的分辨精细一些。基于此原理，在使用 YUV 的时候，保证 Y 分量的前提下，可以舍弃一部分 UV 分量，来减少对带宽的需求，却也并不会太影响图像的质量。

YUV 颜色空间是彩色电视兴起后，对黑白电视兼容的产物。因为 RGB 颜色空间中，每一个像素都需要三个分量的叠加，就需要三通道的信号，即便是表示黑白像素。但是在 YUV 颜色空间中，Y 就表示了灰度信息，也就是黑白图像。因此 YUV 像素编码，成功地兼容了黑白电视信号。

根据 UV 采样率的不同可以分为 YUV420、YUV411、YUV444、YUV422 等格式。图 5.12 展示了几种格式的 UV 采样示例。

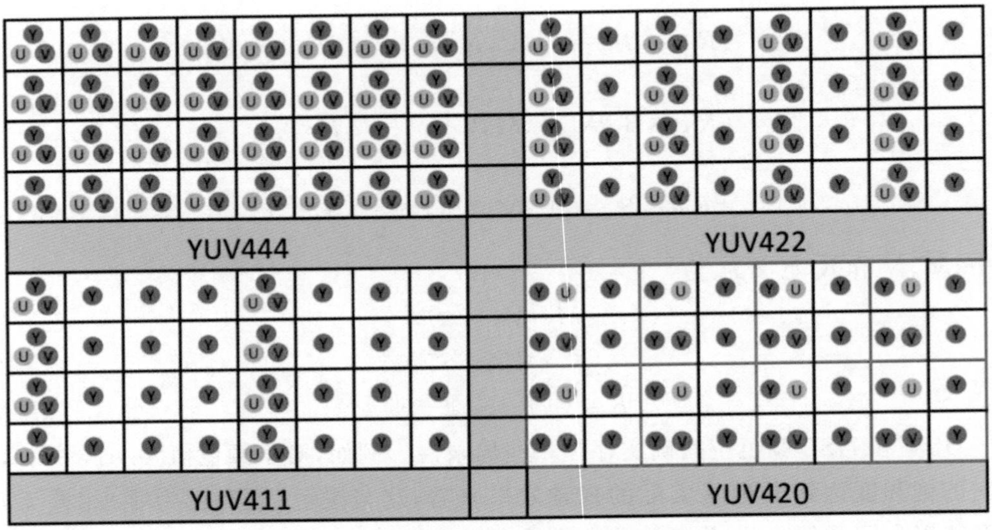

图 5.12　不同 YUV 格式的 UV 采样

YUV 与 RGB 颜色空间是可以相互转换，转换方式如下：

$$\begin{cases} R = Y + 1.139\,83(V - 128) \\ G = Y - 0.394\,65(U - 128\ )0.580\,60(V - 128) \\ B = Y + 2.032\,11(U - 128) \end{cases} \tag{5-63}$$

一般情况下，为了提高计算效率，可能会使用近似的转换系数来进行转换。总的来说，YUV 颜色空间提供了一个与人类视觉特性更为匹配的颜色编码方法，特别是在视频编码和传输应用中，它比 RGB 颜色空间更为高效。

5.9　本章小结

本章深入探讨了众多的颜色空间，每个颜色空间都具有其独特的定义、特性和应用领域。这些颜色空间不仅代表了如何捕捉和描述颜色的不同方法，而且反映了人类对颜色理解的深度和广度。

首先，探讨了 RGB 颜色空间，这是一个典型的色光叠加模型，广泛应用于电视、计算机显示器和其他电子设备中。RGB 通过三个基本颜色通道——红色、绿色和蓝色，为人们提供了一个丰富而直接的色彩描述方法。虽然它在技术上很常用，但是它并不总是与人类视觉经验相符。

为了解决这个问题，人们引入了 HSV 和 HSL 颜色空间，这两个空间都提供了与人类视觉特性更为一致的色彩描述方法。HSV，即色相、饱和度和亮度，提供了一个直观且与人类感知经验相一致的颜色描述，因此在图像编辑和处理中尤为受欢迎。HSL 则更侧重于颜色的强度和饱和度，为颜色提供了一个更细致的视角。

此外还探讨了 YUV 颜色空间，这个空间的核心在于其将亮度信息（Y）与色度信息（UV）分开处理的方式。这种分离方法让 YUV 颜色空间在视频编码和传输中变得尤为重要，因为它允许更有效地压缩数据，同时保持足够的视觉质量。

除了这些常见的颜色空间，本章还简要介绍了其他一些颜色空间，并探讨了它们之间的转换关系和技术。这些转换不仅是理论上的有趣挑战，而且在实际应用中也十分重要，因为它们允许我们在不同的设备和应用场景中保持颜色的一致性。

总的来说，本章为读者提供了一个全面而深入的颜色空间知识体系，帮助读者理解颜色的复杂性和多样性，以及如何在实际应用中充分利用这些颜色空间。

第6章 基于传统方法的颜色恒常性算法

针对颜色恒常性的研究已经产生了许多高效的算法。本章将探讨这些算法是如何工作的，并展示它们在实际应用中的效果。

图 6.1 展示了相机拍摄的两幅偏色图像。图(a)展示了一个桌子场景，上面摆放着日常物品如盘子、咖啡杯和勺子等。整个画面带有明显的黄色调，这是因为房间内主要使用了黄色光源。而图 6.1(b)展示了一个阳光明媚的办公室。蓝色窗帘为场景投下了微妙的蓝调背景，而桌上的台灯则为物品带来了明亮的照明。

(a)

(b)

图 6.1　两个偏色样本图像

在这一章中，我们将假设整个场景的颜色是均匀的。在传感器的位置 X_I 测量到的光强 I 可以被建模为

$$I(\boldsymbol{x}_I)=G(\boldsymbol{x}_{\text{obj}})\int R(\lambda,\boldsymbol{x}_{\text{obj}})L(\lambda)S(\lambda)\mathrm{d}\lambda \tag{6-1}$$

式中：$G(\boldsymbol{x}_{\text{obj}})$是由于在位置 $\boldsymbol{x}_{\text{obj}}$ 的几何形状导致的缩放因子；$R(\lambda,\boldsymbol{x}_{\text{obj}})$表示在位置 $\boldsymbol{x}_{\text{obj}}$ 的反射率；$L(\lambda)$是光源放出的辐射度；$S(\lambda)$描述了传感器的灵敏度。

以下所有的算法，将假设传感器的响应函数是非常窄带的，即它们可以被近似为 δ 函数。设 $\lambda_i(i\in\{r, g, b\})$为传感器响应的波长。现在将以$(x, y)$来表示传感器的坐标。那么位于位置$(x, y)$的传感器测量到的光强度为

$$I_i(x,y)=G(x,y)R_i(x,y)L_i \tag{6-2}$$

式中：$G(x, y)$是一个因子，它依赖于对应物体位置的场景几何形状；$R_i(x, y)$是波长λ_i的反射率；L_i是波长λ_i的辐照度。在之前的章节中已经推导过这个方程。本章讨论的算法假设整个图像的光源是均匀的，即辐照度并不依赖于坐标(x, y)。

6.1 白点法(White Patch Retinex)

白点法是Retinex算法的一种变种[49-53]。它的核心思想建立在这样一个前提上：在场景中，如果存在一个"白色"块，那么该块在每个波段上反射的光应当接近于光源的最大亮度。因此，通过观察这一块的反射，就可以推断出光源的颜色。该算法使用这个"白色"区域来校正整个图像的颜色，以便更真实地反映场景的颜色。如果对于所有的$i \in \{r, g, b\}$有$R_i(x, y) = 1$，并且$G(x, y) = 1$，那么

$$I_i(x,y)=L_i \tag{6-3}$$

假设传感器的响应和像素颜色之间存在线性关系，即$C_i(x,y)=I_i$，并且传感器的响应特性与δ函数相似，那么场景的光线简单地表示为几何项G和物体的反射率R_i的乘积。

$$C_i(x,y)=G(x,y)R_i(x,y)L_i \tag{6-4}$$

因此，一旦找到了这样一个亮色块，就可以重新调整所有的色彩通道。在实践中，并不是直接寻找一个白色块，而是寻找每个颜色通道的最大亮度。让$L_{i,\max}$表示所有像素上每个通道的最大值。

$$L_{i,\max}=\max_{x,y}\{C_i(x,y)\} \tag{6-5}$$

这个最大值接着被用来将像素的每个色彩通道重新调整到[0, max]的范围内。

$$\boldsymbol{O}_i(x,y)=\frac{C_i(x,y)}{L_{i,\max}}=G(x,y)R_i(x,y) \tag{6-6}$$

其中，$\boldsymbol{o}_i(x,y)=[o_r(x,y),o_g(x,y),o_b(x,y)]^{\mathrm{T}}$，是输出像素的颜色。

(a)

(b)

图 6.2 白点法校正结果

图6.2展示了使用白点法进行色彩校正的效果。此算法基于单一均匀光源照射场景的假设，因此，在存在非均匀光照的情况下，如图6.2(b)所示，其表现并不理想。

图 6.2(a)也同样揭示了其局限性。图片中的玻璃器皿产生了明亮的高光，但校正后的图像颜色仍然偏黄。

这种算法存在一个主要的问题：单一明亮像素可能导致对光源颜色的误估。如果图像中的高光是由某物体产生，并且其反射的光并不均匀地呈现光源的颜色，那么这个估计就可能偏离真实的光源颜色。此外，图像的噪声也可能导致问题。更重要的是，该算法对于削减像素特别敏感。如果一个或多个色彩通道受到压缩或损失，从最亮的像素估计光源的颜色将变得不够可靠。

算法的鲁棒性可以通过为每个色彩通道计算直方图来提高。直方图描述了在特定色彩通道中具有给定强度的图像像素数量。设 n_b 为直方图的 bin 数，并且让 $H_i(j)$为色彩通道 i 中具有强度 j 的像素数。相较于直接选择每个色彩通道中强度最大的像素，更优的方法是选择一个强度，使得强度高于这一选择值的像素占总像素数的某一固定百分比。设 p 为百分比，例如 1%或其他类似的小值，并设 n 为图像中的总像素数。设 $c_i(j)$为由直方图 H_i 的 Bin$j$ 代表的色彩通道 i 的强度。那么光源的估计由以下公式给出：

$$L_i = c_i(j_i) \tag{6-7}$$

j_i 被选择满足以下条件：

$$pn \leqslant \sum_{k=j_i}^{n_b} H_i(k) \quad \text{and} \quad pn \geqslant \sum_{k=j_i+1}^{n_b} H_i(k) \tag{6-8}$$

图 6.3 表示使用改进的白点法进行图像校正的结果。从图中来看，相比于原始的算法，图像视觉效果较好。

(a)

(b)

图 6.3　改进白点法校正结果

6.2　灰度世界法(The Gray World Assumption)

灰度世界假设(Gray World Assumption)的核心思想是利用像素的平均颜色来估算光源[54-60]。虽然观察者通常利用接收到的光线信息的平均值来判断光源，这种观念在科学家和研究者中并不新鲜。实际上，Land 在 20 世纪就已经提出了这一观点。但 Buchsbaum 是首位以“灰色世界假设”这一名称正式提出这种观念的研究者。这一假设可能是颜色恒常性算法中最为人们熟知的概念。很多后续研究在一定程度上都是基于或扩展了这一概念。

灰色世界假设的核心假设是，在平均条件下，观察到的世界颜色表现为灰色。Buchsbaum 的算法主张，在一个给定的视觉场景中，有一个统一的空间光谱的平均值。他使用这一平均值来估算光源，并从中推导出反射率。然而，初次展示这一假设时，主要是基于模拟数据。

这里描述的灰色世界假设与 Buchsbaum 的原始版本略有不同。在 Buchsbaum 的版本中，他特别考虑了传感器响应的重叠特性。而这里所描述的则是基于非重叠的响应特性。另外，与 Buchsbaum 的简化反射模型相比，本节中的模型加入了更多的位置信息。

从颜色图像形成的理论中，我们已经看到在传感器阵列上的位置(x, y)的传感器 $i(i\in\{r, g, b\})$测量的强度 $I_i(x, y)$可以通过以下方式来近似表示：

$$I_i(x,y)=G(x,y)R_i(x,y)L_i(x,y) \tag{6-9}$$

如果假设传感器观察到的表面在所有方向上都以相同的方式反射光，即它是一个朗伯表面。每个传感器确定特定波长 λ_i 的光的强度。$G(x,y)$是一个几何因子，代表了在位置 (x, y) 显示的物体点的场景几何结构以及所使用的光照模型。这个因子考虑了物体的形状、表面方向、视角和光照模型等因素对光强度的影响。$R_i(x, y)$代表了在这个位置，对于特定波长 λ_i 的反射光量。同时，$L_i(x,y)$代表了在这个位置的光源亮度。

为了满足式(6-9)，我们采用了一个理想的传感器模型，即这种传感器仅对单一波长的光，并可以用 δ 函数来表示。从公式可以看到，光源对场景几何与物体反射率的乘积起到了调节作用。因此，只要知道照亮场景的光的性质，就可以通过分别调节三个颜色通道来实现颜色的恒常性。

通常情况下，为了显示光强度，首先会经过伽马校正，然后被映射到[0, 1]或[0, 255]的范围内。要应用“灰色世界”假设，我们必须使像素颜色线性化。例如，如果颜色经过 1/2.2 的伽马值校正，那我们可以通过使用 2.2 的伽马值来线性化像素颜色。但问题在于，很多时候，原始的伽马校正值是不明确的。在这种情况下，我们通常会假定图像使用 sRGB 颜色空间，并按照 2.2 的伽马值进行处理。令

$$\boldsymbol{c}(x,y)=[c_{\mathrm{r}}(x,y),c_{\mathrm{g}}(x,y),c_{\mathrm{b}}(x,y)]^{\mathrm{T}} \tag{6-10}$$

代表在位置(x,y)的输入图像的线性化颜色。让[0,1]是每个颜色通道的强度范围。

假设视野中的物体颜色均匀地覆盖整个颜色范围，并且场景中存在大量色彩各异的物体，那么每个通道计算出的平均颜色将趋近于 1/2。为了证明这一观点，我们可以假定存在一个直接的线性关系，将传感器的测量值映射到图像像素的颜色上，即 $c_i(x, y) = I_i(x, y)$，并且在整个图像上光源是均匀的，即 $L_i(x, y) = L_i$。在这

种情况下，图像大小为 $n = n_x \times n_y$，平均颜色 a_i 定义为

$$a_i = \frac{1}{n}\sum_{x,y} c_i(x,y) = \frac{1}{n}\sum_{x,y} G(x,y)R_i(x,y)L_i = L_i \frac{1}{n}\sum_{x,y} G(x,y)R_i(x,y) \tag{6-11}$$

式中：n_x 是图像的宽度；n_y 是图像的高度，$G(x,y)$ 是一个依赖于场景几何结构的因子；$R_i(x,y)$ 是在图像中位于位置 (x,y) 的物体点的反射率；L_i 是照亮场景的光的强度；i 表示相应的颜色通道。

$E[GR_i]$ 是几何因子 G 乘以反射率 R_i 的期望值。由于物体的形状和颜色之间没有相关性，两者是独立的随机变量。假设反射率是均匀分布的，即场景中存在许多不同的颜色，并且每种颜色都以同样的概率出现。因此，反射率可以被认为是从范围 $[0,1]$ 中抽取的一个随机变量，则有

$$E[GR_i] = E[G]E[R_i] = E[G]\left(\int_0^1 x\,\mathrm{d}x\right) = E[G]\frac{1}{2} \tag{6-12}$$

对于较大的 n，有

$$a_i = L_i \frac{1}{n}\sum_{x,y} G(x,y)R_i(x,y) \approx L_i E[GR_i] = L_i E[G]\frac{1}{2} \tag{6-13}$$

而不是假设反射率在范围 $[0,1]$ 上均匀分布，也可以使用实际的反射率分布来计算 $E[R_i]$。在这种情况下，我们还需要知道摄像机的响应曲线的形状来计算期望值。这个值将取决于为周围选择的反射率集合，并且还将取决于使用的摄像机的类型。

我们可以使用空间平均颜色来估计光源的颜色为

$$L_i \approx \frac{2}{E[G]} a_i = f a_i \tag{6-14}$$

其中 $f = \frac{2}{E[G]}$ 是一个取决于所观察场景的因子。给定光源的颜色，可以估计物体的组合几何因子和反射率，由 $c_i(x,y) = G(x,y)R_i(x,y)L_i$，得到：

$$o_i(x,y) = \frac{c_i(x,y)}{L_i} \approx \frac{c_i(x,y)}{f a_i} = G(x,y)R_i(x,y) \tag{6-15}$$

其中，$\boldsymbol{o}_i = [o_r(x,y), o_g(x,y), o_b(x,y)]^{\mathrm{T}}$ 是输出像素的颜色。因此，几何和反射因子可以通过将当前像素的颜色除以 f 和空间平均颜色的乘积来估计。因子 f 只会等比例地缩放所有颜色通道，仅影响颜色的强度。f 因子也可以直接从图像中估计。在这种情况下，首先通过将强度除以通道的平均值来重新缩放每个通道。接下来，所有通道都会等比例地重新缩放，比如说，只有 1% 的所有像素被裁剪。

图 6.4 展示了使用灰度世界法的效果。与白点法相比，灰度世界法通常能够提供更好的结果。这是因为灰度世界法基于大量像素的平均值，而不是仅仅基于最亮像素的值，因此它的稳定性更强。白点法在遇到只有少数特别亮的像素的场景时，可

能会导致不准确的颜色调整。特别是当场景中存在像荧光物体那样反射所有入射光线的物体时,白点法可能会导致像素饱和或失真。

从图 6.4(b)中可以看出,灰度世界法在场景中只有一个光源时效果最佳,当存在多个光源时,算法就可能不再适用。这样的结果是预期之内的,因为我们的基础假设之一就是场景中存在一个均匀分布的光源。

(a)

(b)

图 6.4 灰度世界法校正图像效果

此外,灰度世界法的应用前提是图像中要有丰富的颜色分布。如果图像颜色较为单一,该方法可能失效。以图 6.5(a)为例,它展示了植物叶子的特写,而该图像的通道平均值为[0.23, 0.34, 0.05]。这意味着,按照灰度世界假设处理时,蓝色通道的强度将会被显著增强。结果如图 6.5(b)所示,可以看到颜色偏差较大,显然这并非我们期望的效果。

(a)

(b)

图 6.5 灰度世界法校正失效例子

在实际应用中,我们常采用颜色直方图来处理图像,确保保留 99%的像素亮度,并舍弃最亮的 1%。这种方法旨在最大限度地保存图像的细节,同时适当地调整由于高光造成的偏差。

无论选择哪种策略来估计光源,即不论是基于整体图像的像素、图像分割还是基于直方图的计算,都有一个前提,那就是灰度世界假设。这个假设认为场景中只存在一个主要光源。但在真实环境中,这个假设往往不准确。

6.3 色域约束方法

Forsyth 提出了一个被称为“色域约束法”的颜色恒常性算法[61,62]。该方法的核心假设是传感器的响应曲线是相互分离的，并且每个响应曲线只在一个窄的波长范围内敏感。在这些条件下，每个传感器的响应在其特定的波长范围内基本保持恒定，因此只需要为红色、绿色和蓝色通道确定三个缩放因子。此外，该方法还基于以下假设：图像中不存在阴影、场景中仅有一个均匀光源，并且物体表面主要发生漫反射。色域约束法首先计算在标准光源下所观察到的色域的凸包。如果在另一个光源下观察同一个场景，其色域会发生变化。通过确定红色、绿色和蓝色通道的缩放因子，可以将变化的色域映射到标准色域。

在白光照射下，观察到的色域通常沿着灰色轴线分布。图 6.6(a)展示了一个用于扫描仪颜色校准的 IT8 色卡。图 6.6(b)(c)分别展示了该图像色域的凸包的两种视角。该凸包是利用 QHull 算法计算得出的。通过观察凸包，我们能够识别图像中存在的一些极深(如黑色)和极浅(如白色)的颜色。虽然图像中有红色、绿色和蓝色的区块，但它们并没有完全填满 RGB 色彩空间。实际上，它们只占据了显示器可能呈现的色域的一部分。而图 6.7 则展示了一个被黄光照射的场景，在这个场景中的色域是明显偏向黄色的。

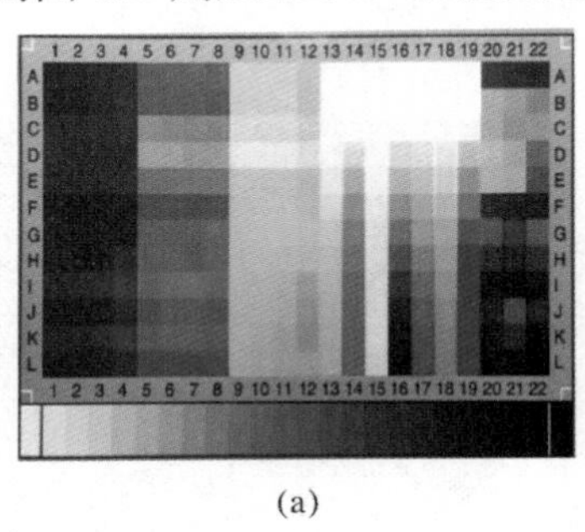

(a) (b) (c)

图 6.6 日光下拍摄 IT8 色卡

(a)色卡图；(b)(c)不同视角的凸包

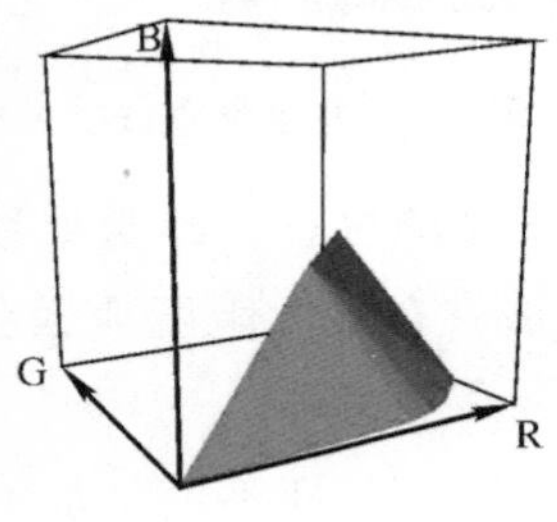

(a) (b) (c)

图 6.7 一个在黄光下的场景

(a)偏色图像；(b)(c)不同视角的凸包

我们需要确定一个线性映射，用以将观测到的色域转变为标准色域。这种映射通常可以用一个对角 3×3 矩阵来表示，即

$$\boldsymbol{S}(s_x,s_y,s_z)=\begin{bmatrix} s_x & 0 & 0 \\ 0 & s_y & 0 \\ 0 & 0 & s_z \end{bmatrix} \tag{6-16}$$

基于我们的假设，受体响应函数 δ 是已知的。色域约束方法首先从一组潜在的映射开始。初始映射集是基于观察到的色域的第一个顶点构建的。对于这个单独的顶点，可能的映射就是将该观察到的色域顶点映射到标准光照条件下色域的任意点。随着每个新的观察点的添加，我们得到了关于进行所需转换的映射的新的约束信息。我们的目标是找到一个与图像中所有观察到的颜色都一致的映射。

为了实现这一点，我们需要穷举图像中所有点可能的映射集的交叉。每一个给定的点都有一个映射集，这个映射集描述了如何将该点映射到标准色域的任意位置。接下来，计算该映射集的凸包，并将其与之前得到的映射集相交。由于每个映射集形成一个凸多面体，这个算法的核心操作是找出描述合适映射的这些凸多面体的交集。

再次看一下色域约束方法的工作原理。首先，我们需要明确什么是标准色域。为了定义这个色域，我们选择了一系列在白光照射下的具有不同反射特性的物体。实际操作中，选取的物体应涵盖全部可能的反射率。接下来，我们计算这些物体在图像中呈现的颜色的凸包，这将定义我们的标准色域。我们将描述此标准色域凸包的顶点集合称为 H_c。当给定一个在未知光照下拍摄的输入图像时，我们首先计算该图像呈现的颜色范围的凸包。我们将这个描述观察到的色域的凸包的顶点集合称为 H_o。如果输入图像包含大量像素，首先计算其颜色直方图会更为高效。这样，计算凸包时，每种颜色只需处理一次，避免了重复计算。

设 $\boldsymbol{v}\in H_o$ 是从输入图像计算出的凸包的一个顶点。给定顶点 $\boldsymbol{v}$ 的可行映射集 $\mathcal{M}(\boldsymbol{v})$ 为

$$\mathcal{M}(\boldsymbol{v})=\{\boldsymbol{v}_c/\boldsymbol{v}\mid \boldsymbol{v}_c\in\mathcal{H}_c\} \tag{6-17}$$

由于标准色域是凸的，可行映射集合也是凸的，并且这个色域仅受给定顶点的系数缩放。但在计算观察色域的凸包的顶点时，需要特别留意零除的问题，特别是当某些顶点恰好位于坐标轴上时。在这种情况下，某些系数可能为零。为了解决这一问题，可以将这样的系数调整为一个微小的正值。另一个应对策略是，在计算色域的凸包之前，先计算图像的颜色直方图。通过直方图，我们可以将颜色空间划分为多个区域，并假设每个区域的颜色位于该区域的中心。例如，每个通道分成 10 个区间，那么 $[0.05,0.05,0.05]^{\mathrm{T}}$ 将表示黑色，而 $[0.95,0.95,0.95]^{\mathrm{T}}$ 将表示白色。

对于观察色域的凸包中的每一个顶点，都计算其可能的映射集合。然后，我们需要找到所有这些映射集合的交集，因为实际的光源映射必然位于这些集合的交点中。所以，每一个观察到的色域凸包的顶点都为我们提供了额外的约束信息，进一步缩小了可能的光源映射集合。令 $\mathcal{M}_\cap$ 是计算出的交集，即

$$\mathcal{M}_{\cap}=\bigcap_{v\in\mathcal{H}_o}\mathcal{M}(\boldsymbol{v}) \tag{6-18}$$

交集自然会是一个凸包，这是因为两个凸包相交的结果依然保持凸包的属性。因此，色域约束算法的核心步骤包含计算一组点所构成的凸包，并求取这些凸包之间的交集。

假设标准光源为白光，那么 $\mathcal{M}_{\cap}$ 的每个顶点都描述了一个可能的光源。每个顶点都可以看作是一个对角映射 $\boldsymbol{m}$，它具有以下形式。

$$\boldsymbol{m}=[m_r,m_g,m_b]^T=[1,1,1]^T/[L_r,L_g,L_b]^T \tag{6-19}$$

$[L_r,L_g,L_b]^T$ 描述了光源的颜色。因此，光源 $\boldsymbol{L}$ 由下式给出：

$$\boldsymbol{L}=\left[\frac{1}{m_r},\frac{1}{m_g},\frac{1}{m_b}\right]^T \tag{6-20}$$

为了确定光源的调整系数，我们需要在可能的映射集合 $\mathcal{M}_{\cap}$ 中挑选一个点。理想情况下，这个集合不应该是空的，这样我们就能从中挑选一个实际的点作为光源的参考。如果这个集合是空的，那么意味着没有存在的线性映射能够将观察到的色域转化为标准色域的子集。Forsyth 建议选择一个能够将指定色域转化为最大可能色域的映射。这意味着，经转化后的色域将尽可能贴合标准色域，并且它也将代表所有可能色域中的最大者。此处，我们仅考虑线性对角映射。这些映射会将给定的色域体积转化为另一个体积，新的体积是由线性对角映射的迹所决定的。因此，为了挑选出最佳的映射方案，一种直接方法是选择那些迹最大的映射 $\boldsymbol{m}$。

$$\boldsymbol{m}=\text{argmax}_v\{v_r\,v_g\,v_b\mid v=[v_r,v_g,v_b]^T\in\mathcal{M}_{\cap}\} \tag{6-21}$$

令 $\boldsymbol{c}=[c_r,c_g,c_b]^T$ 为输入像素的颜色。那么，输出颜色计算为

$$\boldsymbol{o}=[m_rc_r,m_gc_g,m_bc_b]^T \tag{6-22}$$

让我们通过一个具体的例子来理解这个概念。假设我们的显示设备能够产生的颜色范围完整覆盖了 RGB 立方体。因此，这个单位立方体被我们视为标准色域。而在这个场景中，我们观察到的色域是标准色域内的一个子集。假设光源为 $[0.7,0.5,0.2]^T$，那么观察到的色域将是单位立方体，沿着红色、绿色和蓝色轴分别按 $s_r=0.7$、$s_g=0.5$ 和 $s_b=0.2$ 进行缩放。设 $\boldsymbol{S}(s_r,s_g,s_b)$ 为一个缩放矩阵，H_{cube} 为单位立方体的顶点集。那么有

$$\mathcal{H}_o=\boldsymbol{S}(s_r,s_g,s_b)H_{\text{cube}} \tag{6-23}$$

观察到的色域如图 6.8 所示。

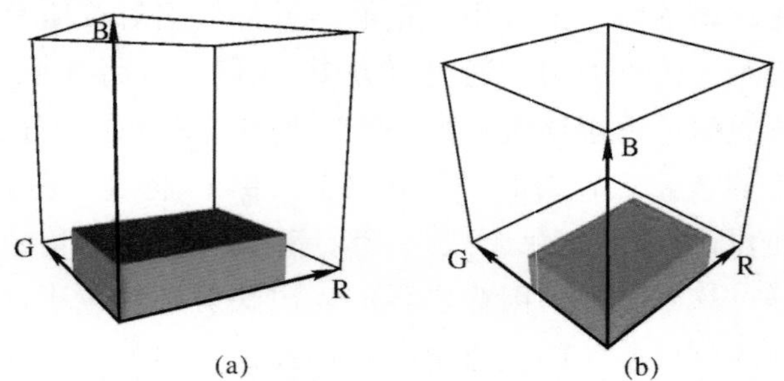

图 6.8 观察到的色域的两个不同视角(光源为$[0.7,0.5,0.2]^T$)

如果我们计算可能的线性映射的交集，可以得到

$$\mathcal{M}_{\cap}=\boldsymbol{S}\left(\frac{1}{s_{\mathrm{r}}},\frac{1}{s_{\mathrm{g}}},\frac{1}{s_{\mathrm{b}}}\right)\mathcal{H}_{\mathrm{cube}} \tag{6-24}$$

具有最大迹的线性映射将是由单位立方体的顶点$[1,1,1]^{\mathrm{T}}$创建的映射。因此，从交集中选择的映射将是

$$\boldsymbol{S}\left(\frac{1}{s_{\mathrm{r}}},\frac{1}{s_{\mathrm{g}}},\frac{1}{s_{\mathrm{b}}}\right)=\boldsymbol{S}\left(\frac{10}{7},2,5\right) \tag{6-25}$$

这只是考虑了光源的映射。如果我们假设有一个与单位立方体相似的色域，并且观察到的色域是单位立方体的缩放版本，那么色域约束方法所执行的操作将与白点法相同。

色域约束方法在某些情况下可能无法得出光源的精确估计，特别是当得到的交集凸包$\mathcal{M}_{\cap}$为空时。为了避免此类情况，可以采纳几种策略。首先，可以考虑迭代地计算交集，每次考虑观察到的色域的一个顶点。若某一次迭代导致交集为空，则可以忽略这一顶点，持续使用前一次的非空交集。另外，当初步的交集为空时，可以尝试适当增大两个待交集的凸包的尺寸。具体来说，可以按固定比例缩放这两个凸包。若经过缩放后的交集仍为空，则可以继续微调尺寸，直到获得非空交集。此外，为确保凸包交集不为空，还可以考虑两个凸包之间最接近的点，并选择它们之间的一个点。或者在开始交集运算前，可以预先将凸包尺寸增加一定百分比。这也可以采用迭代方法：首先检查交集是否为空，若为空，则持续增大凸包尺寸，直到获得非空交集。

图6.9展示了根据Forsyth的色域约束算法处理的结果。在这两张图片中，假设标准色域为单位RGB立方体。然而，该算法在这些图片上的性能并不理想。对于第一张图片，其不佳的结果可能是由桌上玻璃器皿的高光反射导致的。由于算法基于单一光源的假设，所以它不适用于含有多个光源的场景。相对于其他方法，色域约束算法在计算方面更为繁重，因为它需要从输入图片的颜色数据中推算出凸包。同时，凸包的交集计算也是一个计算密集型的步骤。

(a)

(b)

图6.9　使用Forsyth的色域约束法校正的结果

6.4 颜色透视算法

Forsyth 的色域约束算法基于仅有漫反射发生的假设。然而，Finlayson 在 1996 年提出镜面高光可能造成问题[63]。这种高光往往非常明亮，因为在此处，光源会直接反射入摄像机。为了减少这种高光的影响，可以采用某种方法先规范化图像的 RGB 颜色向量。关键在于颜色向量的方向，而不仅仅是其大小。Finlayson 提出将所有 RGB 值都投影到一个特定的 $b=1$ 平面上。这通过将每个颜色通道的值除以蓝色通道的值来实现。令 $\boldsymbol{c}=[c_{\mathrm{r}},c_{\mathrm{g}},c_{\mathrm{b}}]^{\mathrm{T}}$ 是输入图像的一个像素处测得的值。那么，在 $b=1$ 的平面上的投影点由以下公式给出：

$$\boldsymbol{c}_{\mathrm{b}}=\left[\frac{c_{\mathrm{r}}}{c_{\mathrm{b}}},\frac{c_{\mathrm{g}}}{c_{\mathrm{b}}},1\right]^{\mathrm{T}} \tag{6-26}$$

此时假设$\boldsymbol{c}_{\mathrm{b}}=\boldsymbol{0}$。由于此操作等同于将所有颜色点透视投影到位于 $b=1$ 的视平面上，所以 Finlayson 称其算法为“颜色透视”(Color in Perspective)。所有的点都位于 $b=1$ 的平面上，可以删除第三个坐标。显然，投影也可以执行到由 $r=1,g=1$ 定义的平面上，结果类似。

当将颜色域的凸包投影到平面上时，得到的结果是一个描述观察投影点时三维凸包的轮廓的凸多边形。这种颜色域在平面上的二维表征如图 6.10 所示。原本的三维凸包在此被转化为了平面上的二维凸多边形。现在，无须采用三维映射，只需要简单的二维映射即可。

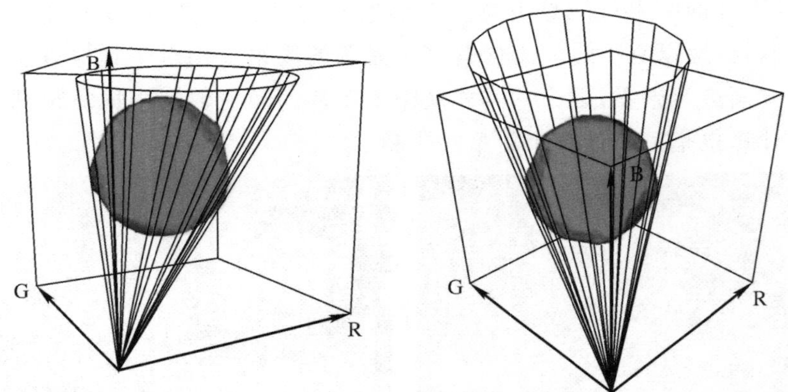

图 6.10 一个三维颜色域投影到平面 $b=1$ 上

图 6.11 展示了一个 IT8 目标及其颜色域在平面 $b=1$ 上的投影。在黄色光照下拍摄的图像的颜色域在平面 $b=1$ 上的投影如图 6.12 所示。二维色域约束算法计算一个线性映射，将观测到的色域转换为在规范光照下的颜色域。

(a)

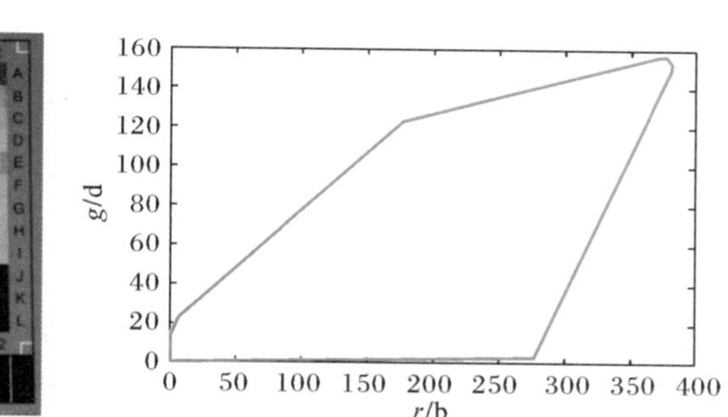

(b)

图 6.11　一个 IT8 目标及其颜色域在平面 $b=1$ 的投影

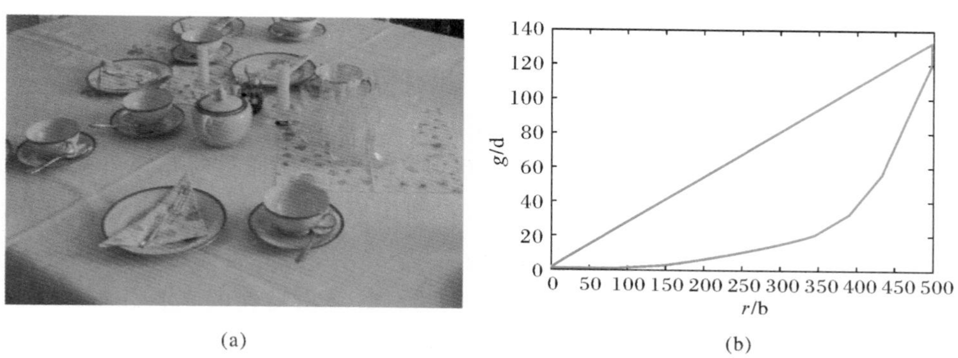

(a)　　(b)

图 6.12　一个黄色光照下图片及其颜色域在平面 $b=1$ 的投影

考虑一个三维映射 $\boldsymbol{S}(s_r, s_g, s_b)$，它将颜色 $\boldsymbol{c}=[c_r, c_g, c_b]^{\mathrm{T}}$ 转换为颜色 $\boldsymbol{c}'=[c_r', c_g', c_b']^{\mathrm{T}}$，则有

$$\boldsymbol{c}'=[c_r', c_g', c_b']^{\mathrm{T}}=\boldsymbol{S}(s_r, s_g, s_b)\boldsymbol{c}=[s_r c_r, s_g c_g, s_b c_b]^{\mathrm{T}} \tag{6-27}$$

这两个颜色 $\boldsymbol{c}$ 和 $\boldsymbol{c}'$ 的投影分别是 $\left[\frac{c_r}{c_b}, \frac{c_g}{c_b}\right]^{\mathrm{T}}$ 和 $\left[\frac{c_r'}{c_b'}, \frac{c_g'}{c_b'}\right]^{\mathrm{T}}$，则有

$$\left[\frac{c_r'}{c_b'}, \frac{c_g'}{c_b'}\right]^{\mathrm{T}}=\left[\frac{s_r c_r}{s_b c_b}, \frac{s_g c_g}{s_b c_b}\right]^{\mathrm{T}}=\boldsymbol{S}\left(\frac{s_r}{s_b}, \frac{s_g}{s_b}\right)\left[\frac{c_r}{c_b}, \frac{c_g}{c_b}\right]^{\mathrm{T}}=\begin{pmatrix}\frac{s_r}{s_b} & 0 \\ 0 & \frac{s_g}{s_b}\end{pmatrix}\left[\frac{c_r}{c_b}, \frac{c_g}{c_b}\right]^{\mathrm{T}} \tag{6-28}$$

因此，给定一个三维映射 $\boldsymbol{S}(s_r, s_g, s_b)$，相应的二维映射将是 $\boldsymbol{S}\left(\frac{s_r}{s_b}, \frac{s_g}{s_b}\right)$。可见，色域约束算法可以在二维中应用，而不是在三维中应用。

当三维坐标投影到平面 $b=1$ 时，如果蓝色通道的值为零，可能会带来问题。但通过计算颜色的直方图，这个问题可以得到缓解。考虑一个场景，每个颜色通道被量化为 10 个级别，从而产生总计 1 000 个格子。在这种设置中，颜色 $[r, g, 0]^{\mathrm{T}}$（其中 r、$g\in[0, 1]$）会被映射到蓝色强度为 0.05 的格子中。在进行二维投影转换后，该颜色会被重新定位到平面 $b=1$ 的新位置。设 $[c_r, c_g, c_b]^{\mathrm{T}}$ 为输入像素的颜色，那么这个

颜色在平面 $b=1$ 上的位置可以表示为$\left[\frac{c_r}{c_b},\frac{c_g}{c_b},1\right]^T$。设$[m_1,m_2]^T$ 是由二维色域约束算法计算出的变换参数。那么输出颜色为

$$\boldsymbol{o}=\left[m_1\frac{c_r}{c_b},m_2\frac{c_g}{c_b},1\right]^T \tag{6-29}$$

为了呈现这种颜色，可以通过缩放输出颜色，使其与输入颜色具有相同的亮度，从而保持其原始的亮度特性。设 L 为输入颜色的亮度，即 $L=w_r c_r+w_g c_g+w_b c_b$，其中 $w_r=0.212\,5$、$w_g=0.715\,4$、$w_b=0.072\,1$ 是线性 RGB 亮度的系数。设 $L'=w_r\frac{m_1}{c_b}+w_g\frac{m_2}{c_a}c_b+w_b$。那么，输出颜色为

$$\boldsymbol{o}=\frac{L}{L'}\left[m_1\frac{c_r}{c_b},m_2\frac{c_g}{c_b},1\right]^T \tag{6-30}$$

在投影到平面 $r+g+b=1$ 时，所需的转换不能再仅仅通过对角矩阵来描述。二维色域约束算法的输出效果如图 6.13 所示。利用原始图像的亮度对计算得到的色调进行重新缩放。由于算法假定场景仅存在一个光源，它可能无法准确处理含有多个光源的图像。对于每一张输入图像，算法都为其计算出潜在的光源分布。

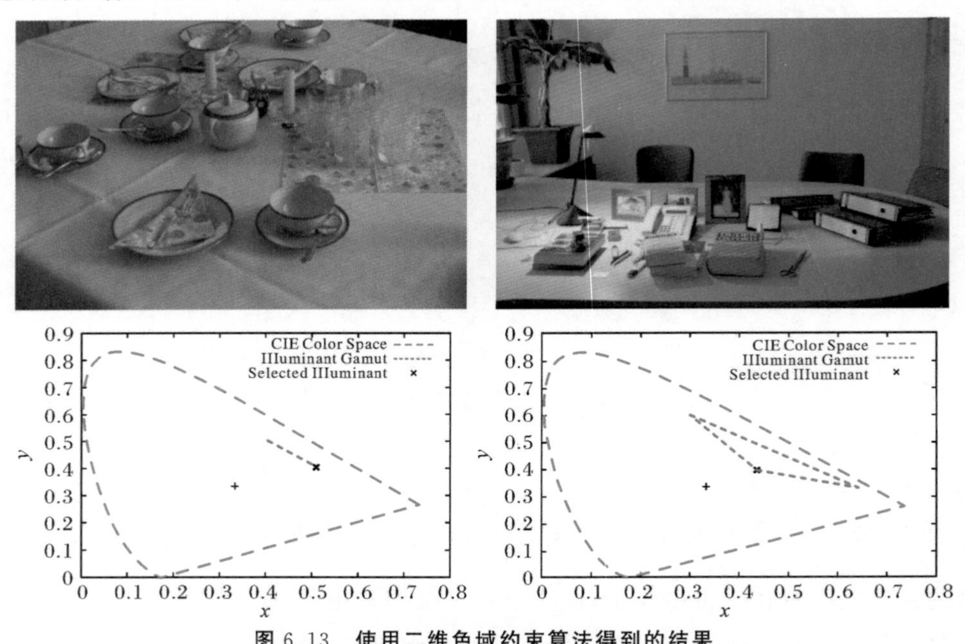

图 6.13　使用二维色域约束算法得到的结果

Finlayson 不仅提出了将问题降维的思路，还为约束光源集提供了一个新的方向，即考虑一组潜在的光源。三维色域约束算法首先确定能将观察到的色域映射到规范色域的映射集合。而原先的方法是选择能产生最大色域的映射。Finlayson 提出首先识别一组可能的光源，然后不仅选择能带来最大色域的映射，还要确保此映射

与所识别的光源集合相符。这样，选择的映射不仅能够最大化色域，还能确保其在允许的光源范围内。

那么，如何构造允许的光源集？首先，选择一个参考表面。在规范光源照射下，该参考表面的颜色表示为 $\boldsymbol{v}_s$。然后，使用各种光源照射此同一表面，由此得到颜色集合形成的凸包。此凸包涵盖了当采用不同光源强度和色度照射参考表面时可能产生的所有颜色。若选取白色块作为参考表面，那么凸包的顶点主要代表光源的色度值。但参考表面不必严格为白色。为了找到合适的色域映射，需要计算一系列映射，其目标是将在规范光源下观察到的参考表面颜色转换为在各种光源下观察到的对应颜色集合。这组映射$\mathcal{M}$为

$$\mathcal{M}(\boldsymbol{v}_s)=\{\boldsymbol{v}/\boldsymbol{v}_s \mid \boldsymbol{v}\in\mathcal{H}_S\} \tag{6-31}$$

因为光源集$\mathcal{H}_S$ 是一个凸包，这个集合也将是一个凸包。映射集简单地通过在规范光源下观察到的标准块的观察颜色的逆来进行缩放。映射集$\mathcal{M}$基本上包含了所有可能的光源的色度值。

$$\mathcal{M}_\cap=\bigcap_{\boldsymbol{v}\in\mathcal{H}_o}\mathcal{M}(\boldsymbol{v}) \tag{6-32}$$

其中，$\mathcal{H}_o$ 是观测到的色度的凸包，而$\mathcal{M}(\boldsymbol{v})$如前面所定义：

$$\mathcal{M}(\boldsymbol{v})=\{\boldsymbol{v}_c/\boldsymbol{v} \mid \mathrm{v}_c\in\mathcal{H}_c\} \tag{6-33}$$

其中，$\mathcal{H}_c$ 是在规范光源下观测到的色度的凸包。事实上，$\mathcal{M}_\cap$ 可能是一个空集。这意味着没有找到与图像数据完全匹配的单一映射。考虑到图像中可能存在的噪声和其他不规则性，这种情况很可能发生。面对一个空集，我们需要采取相应的策略。为了应对这一问题，我们可以采纳与前述三维色域约束方法类似的策略，确保不会得到空集。

我们所要计算的映射，即那个能将观察到的色域映射至规范色域的映射，也应该能够将在特定光源下观察到的标准样本映射至在规范光源下观察到的样本。简言之，所计算的映射应该属于以下集合：

$$\mathcal{M}^{-1}(\boldsymbol{v}_s)=\{1/\boldsymbol{v} \mid \boldsymbol{v}\in\mathcal{M}(\boldsymbol{v}_s)\} \tag{6-34}$$

这个集合可能不再是一个凸集。然后，允许的映射集合$\boldsymbol{m}_{\text{allowed}}$ 定义为

$$\boldsymbol{m}_{\text{allowed}}=\mathcal{M}_\cap\cap\mathcal{M}^{-1}(\boldsymbol{v}_s) \tag{6-35}$$

这个集合可能是空的。由于可能允许有几种映射，必须选择一种方法来选择最好地描述给定光源的映射。二维色域约束算法选择了映射 $\boldsymbol{m}$。

$$\boldsymbol{m}=\operatorname{argmax}_{\mathrm{v}}\{v_r v_g \mid \boldsymbol{v}=[v_r,v_g]^{\mathrm{T}}\in\boldsymbol{m}_{\text{allowed}}\} \tag{6-36}$$

为了得到颜色校正的输出图像，我们选择将每个输入像素映射到位于平面上的新位置，该映射为 $\boldsymbol{m}$。Barnard 提出从允许的映射集合中计算一个代表性的平均映射。他还提出了如何将二维色域约束算法扩展应用于具有多重照明条件的场景。

确定映射后，它会被施加于每个图像像素产生颜色校正后的图像。然而，考虑到

我们目前是在色度空间中操作，所得到的仅是图像像素的正确色度。为了获取完整的颜色信息，我们可以借助输入图像中相应像素的亮度值。因此，结合色度和亮度，我们使用公式(6-48)得到同时包含颜色和阴影信息的输出图像。

在实际应用中，我们不必局限于使用标准反射板，并针对各种已知光源进行照明以构建光源集。实际上，自然光源的特性很大程度上可以通过黑体辐射器来近似描述。简而言之，黑体辐射器发出的光的特性与其温度直接相关。在较低的温度下，它的辐射颜色为红色，随着温度上升，颜色逐渐转变为黄色，然后是白色，最后在更高的温度下为蓝色。黑体辐射器的颜色的色度描述了 CIE XYZ 颜色空间中从红色、经过黄色、白色到蓝色的曲线。如图 6.14 所示，该曲线也可以作为 x 的函数来绘制。它可以用以下二次方程来近似表示：

$$\hat{y}=a\hat{x}^2+b\hat{x}+c \tag{6-37}$$

其中，$a=-2.7578$、$b=2.7318$、$c=-0.2619$，适用于范围 $0.2\leqslant\hat{x}\leqslant0.7$。

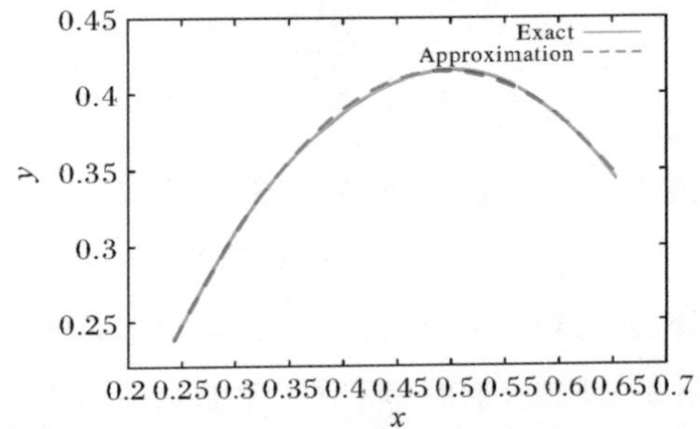

图 6.14　CIE XYZ 空间中的黑体辐射器曲线

由于有描述可能光源集合的二次方程，因此可以计算由集合 $\mathcal{M}_\cap$ 估计的光源之间的交点。集合 $\mathcal{M}_\cap$ 包含一组将当前照明体转化为规范照明体的映射。如果假设规范光源是白光，则 $\mathcal{M}_\cap$ 的每个顶点描述一个可能的光源。每个顶点都可以被视为具有以下形式的对角线映射 $\boldsymbol{m}$：

$$\boldsymbol{m}=[m_1,m_2]^{\mathrm{T}}=[L_{\mathrm{b}},L_{\mathrm{b}}]^{\mathrm{T}}/[L_{\mathrm{r}},L_{\mathrm{g}}]^{\mathrm{T}} \tag{6-38}$$

其中 $[L_{\mathrm{r}},L_{\mathrm{g}},L_{\mathrm{b}}]^{\mathrm{T}}$ 描述了光源的颜色。

$$\left[\frac{L_{\mathrm{r}}}{L_{\mathrm{b}}},\frac{L_{\mathrm{g}}}{L_{\mathrm{b}}},1\right]^{\mathrm{T}}=\left[\frac{1}{m_1},\frac{1}{m_2},1\right]^{\mathrm{T}} \tag{6-39}$$

$$\begin{aligned}[\hat{x},\hat{y},\hat{z}]&=\left[\frac{L_{\mathrm{r}}}{L_{\mathrm{r}}+L_{\mathrm{g}}+L_{\mathrm{b}}},\frac{L_{\mathrm{g}}}{L_{\mathrm{r}}+L_{\mathrm{g}}+L_{\mathrm{b}}},\frac{L_{\mathrm{b}}}{L_{\mathrm{r}}+L_{\mathrm{g}}+L_{\mathrm{b}}}\right]\\&=\left[\frac{\frac{1}{m_1}}{\frac{1}{m_1}+\frac{1}{m_2}+1},\frac{\frac{1}{m_2}}{\frac{1}{m_1}+\frac{1}{m_2}+1},\frac{1}{\frac{1}{m_1}+\frac{1}{m_2}+1}\right]\end{aligned} \tag{6-40}$$

确定了顶点的色度坐标后，可以进一步找到黑体辐射器曲线与预期光源色度坐标的交叉点。合适的光源集合可以通过这些交叉点来确定。预期的光源色度坐标并不总是与黑体辐射器曲线相交。若出现这种情况，可以选取黑体辐射器曲线上与预期光源色度坐标最接近的点作为参考。

图 6.15 展示了采用该方法所得的颜色校正效果。在处理结果中，我们根据原始的亮度对计算出的色度进行了重新缩放。在这种方法中，我们的基本假设是光源可以用黑体辐射器来近似描述。由于二维色域约束算法建立在单一均匀光源的假设之上，与三维色域约束算法相同，它不适用于具有不均匀光源的图像。进一步地，当我们采纳光源与黑体辐射器的近似关系，这就限制了算法对任意光源的适应性。例如，面对一个绿色的光源，比如一个带有绿色滤镜的灯泡时，该方法可能会遇到问题。

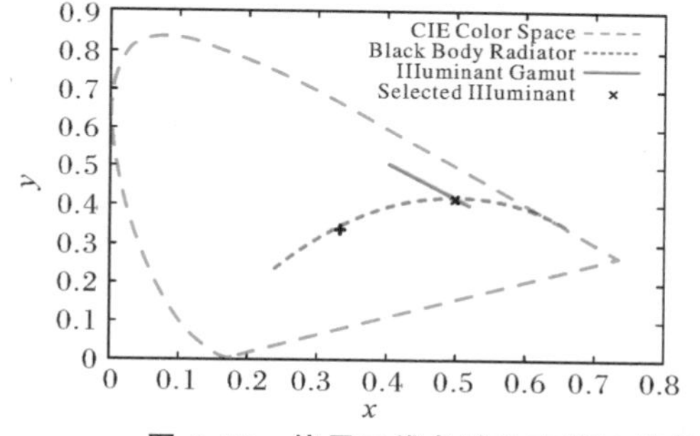

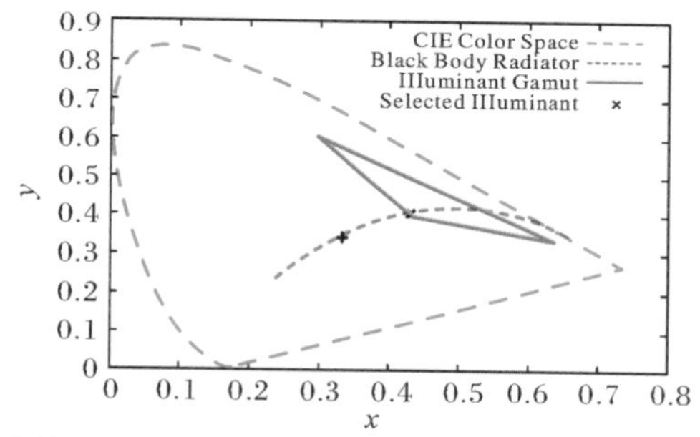

图 6.15 使用二维色域约束算法获得的结果，假设光源被建模为黑体辐射器

6.5 使用双色反射模型的算法

前几节中介绍的大部分方法都是基于物体具有均匀的漫反射性质，也就是说，反射的光线不随观察者的视角而变化。然而，有些物体表面具有高光反射性质，意味着它们在特定方向上反射大部分光线。对于这样的物体，进入观察者眼睛的光线量不仅与光源的位置相对于物体有关，而且还与观察者的视角有关。一面完美的镜子是理想的镜面反射体的例子。如果图像中存在这样的镜子，并且我们能在其反射中看到光源，那么通过对这些反射的分析，我们可以直接确定光源的颜色。同理，分析物

体上的高光部分也有助于估计光源的颜色。

镜面反射物体的反射特性可以通过双色反射模型来描述[40,60]。这种模型考虑了物体的两种主要反射类型：漫反射和镜面反射（见图 6.16）。在镜面反射物体中，高光部分呈现为与光源颜色相同。当物体的表面几何结构导致来自光源的光直接反射入相机时，该物体的某一点会呈现为高光。已经有很多基于双色反射模型的方法被提出和研究。双色反射模型将漫反射和镜面反射结合在一起。设 $L(\lambda)$ 为波长 λ 的照明体。设 $R_{\mathrm{M}}(\lambda)$ 为物体关于漫反射的反射率，$R_{\mathrm{S}}(\lambda)$ 为物体关于镜面反射的反射率。那么，传感器测量到的颜色 $\boldsymbol{I}$ 由以下公式给出：

$$\boldsymbol{I}(\lambda)=\int \boldsymbol{S}(\lambda)(s_{\mathrm{M}}R_{\mathrm{M}}(\lambda)L(\lambda)+s_{\mathrm{S}}R_{\mathrm{S}}(\lambda)L(\lambda))\mathrm{d}\lambda \tag{6-41}$$

式中：$\boldsymbol{S}(\lambda)$ 表示传感器响应函数；s_{M} 和 s_{S} 是两个取决于物体几何形状的缩放因子。

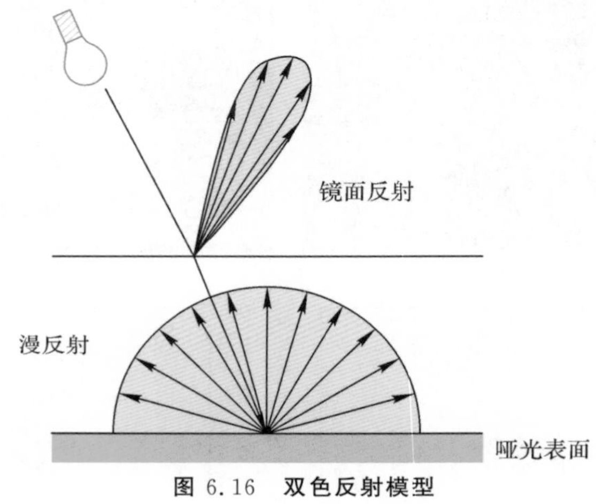

图 6.16　双色反射模型

假设摄像机传感器只响应于波长 λ_i，其中 $i\in\{r,g,b\}$，可以得到：

$$I_i=s_{\mathrm{M}}R_{\mathrm{M},i}L_i+s_{\mathrm{S}}R_{\mathrm{S},i}L_i \tag{6-42}$$

式中：I_i 是传感器 i 的响应；$R_{\mathrm{M},i}$ 是在波长 λ_i 处相对于漫反射的反射率；$R_{\mathrm{S},i}$ 是在波长 λ_i 处相对于镜面反射的反射率。如果我们现在假设整个图像上的光照是恒定的，并且镜面反射像完美的镜子一样行为，即 $R_{\mathrm{S},i}=1$，可以得到：

$$I_i=s_{\mathrm{M}}R_{\mathrm{M},i}L_i+s_{\mathrm{S}}L_i=s_{\mathrm{M}}\boldsymbol{c}_{\mathrm{M},i}+s_{\mathrm{S}}\boldsymbol{c}_{\mathrm{S},i} \tag{6-43}$$

式中：$\boldsymbol{c}_{\mathrm{M,i}}=[R_{\mathrm{M,r}}L_{\mathrm{r}},R_{\mathrm{M,g}}L_{\mathrm{g}},R_{\mathrm{M,b}}L_{\mathrm{b}}]^{\mathrm{T}}$ 是物体点的漫反射的颜色，而 $\boldsymbol{c}_{\mathrm{S,i}}=[L_{\mathrm{r}},L_{\mathrm{g}},L_{\mathrm{b}}]^{\mathrm{T}}$ 是光源的颜色。因此，传感器测量到的颜色被限制为物体点的漫反射的颜色 $\boldsymbol{c}_{\mathrm{M,i}}$ 和光源颜色 $\boldsymbol{c}_{\mathrm{S,i}}$ 的线性组合。感知到的颜色都被限制在由两个向量 $\boldsymbol{c}_{\mathrm{M,i}}$ 和 $\boldsymbol{c}_{\mathrm{S,i}}$ 定义的平面上。如图 6.17 所示，从一个物体表面感知到的颜色都处于物体表面的漫反射颜色与光源颜色之间的范围内。高光部分呈现出特别的亮度，并完全反映了光源的颜色，而表面的其他区域则相对显得较为柔和和暗淡。

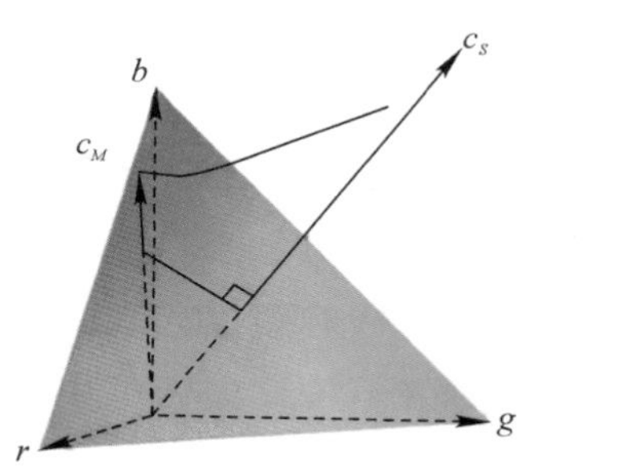

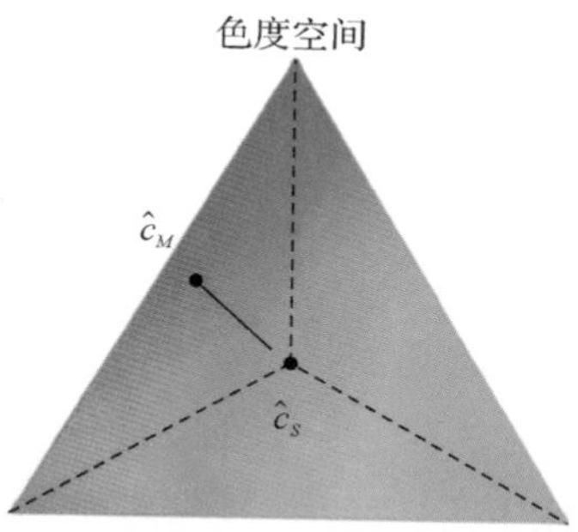

图 6.17　一个表面感知到的颜色位于由物体的漫反射颜色和光源的颜色所张成的平面内

在计算色度时，三维数据点会被投影到平面 $r+g+b=1$ 上。线性组合在色度空间中产生了一个二维线。设$\hat{\boldsymbol{c}}_{\mathrm{M}}$ 为漫反射颜色色度，$\hat{\boldsymbol{c}}_{\mathrm{S}}$ 为镜面反射颜色的色度。那么，在平面 $r+g+b=1$ 上的双色线可以描述为

$$\begin{bmatrix}\hat{x}\\\hat{y}\end{bmatrix}=s\hat{\boldsymbol{c}}_{\mathrm{M}}+(1-s)\hat{\boldsymbol{c}}_{\mathrm{S}} \tag{6-44}$$

其中，s 是一个缩放因子。对于场景中的每一个不同颜色的物体表面，在色度空间中，它都对应一条直线。如图 6.18 所示，展示了两个不同物体表面的双色直线。因为我们假设所有物体都受到同一个光源的照射，所有这些直线在色度空间中应当有一个共同交点，这个交点代表了光源的颜色。为了确定这个光源颜色，我们需要为场景内的每个物体表面计算出其双色直线，并找出这些直线的公共交点。这些直线可以通过对每个物体表面的色度数据进行线性回归分析来得出。

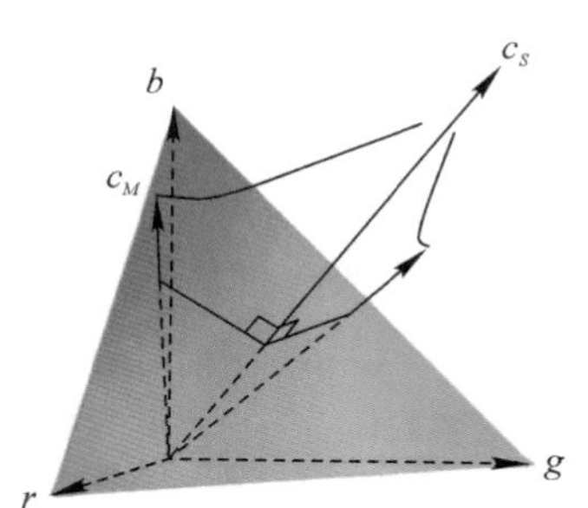

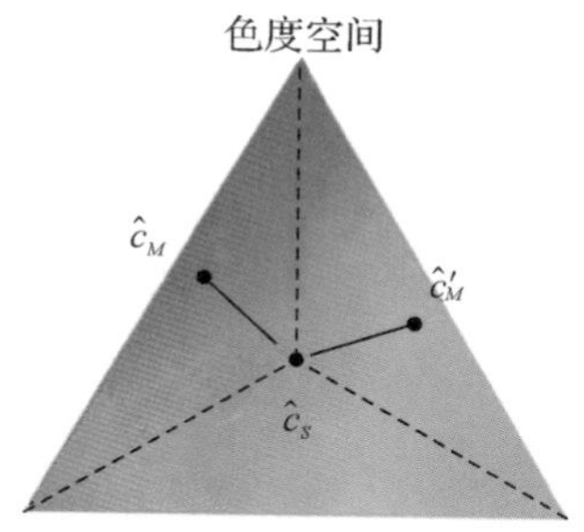

图 6.18　两个不同的表面具有不同的漫反射

(镜面反射分量是相同的。光源的颜色位于二色线的交点处)

基于双色反射模型的算法仅在特定的理想条件下能够达到良好的效果。微小的噪声有可能显著地影响两条双色直线的交点位置。有研究者指出，尽管该方法在实验室环境中对高饱和度表面的处理效果很好，但在处理实际图像时效果可能会受限。为了提高该算法的鲁棒性，设计了一种新方法，即计算双色直线与黑体辐射器曲线之间的交点。他们的核心假设是光源虽然不是完全任意的，但可以用黑体辐射器来进行近似。他们进一步假定场景已经被预先分割。对于每一个分割区域，都会计算双

色直线，并找出它与黑体辐射器曲线的交点。理论上，若图像中仅有一个物体表面，该方法效果是较好的。如果双色直线没有与黑体辐射器曲线相交，可以选择与之最接近的点。若存在两个交点，则可以采用一些启发式的方法来选择更合适的一个交点。

其他学者对此算法进行了进一步的扩展，同时也针对图像分割的问题提出了解决方案。一种方法是，通过图像的分割和滤波处理来精确确定图像中的光源。具体流程为：首先采用中值滤波器或高斯滤波器对输入图像进行平滑处理。接下来，图像被划分为具有相似颜色的多个区域。所有不满足双色反射模型的区域将会被排除。例如，色彩单一或偏淡的区域、与天空相关的区域，或者图像中的阴影部分，等等，都将被排除。为了移除色彩单一的区域，可以计算每个区域的饱和度，并移除饱和度低于特定阈值的区域。同时，为了有效地利用双色反射模型，每个区域必须包含至少两个像素。因此，为了保证算法的效果，所有像素数量低于特定值的区域也将被排除。对于保留下来的区域，我们计算其双色直线。

同样，在 XYZ 色彩空间中，我们可以为指定区域的像素颜色计算协方差矩阵，并进一步确定与最大特征值相对应的特征向量。设 c_j 为包含 n 个像素的图像区域的像素颜色 $j\in\{1,2,\cdots,n\}$。设 $\boldsymbol{xy}_j=[x,y]^{\mathrm{T}}$ 是 XYZ 色彩空间中像素颜色 c_j 的 xy 坐标。那么协方差矩阵 $\boldsymbol{C}$ 为

$$\boldsymbol{C}=E\left[(\boldsymbol{xy}-\boldsymbol{m})(\boldsymbol{xy}-\boldsymbol{m})^{\mathrm{T}}\right] \tag{6-45}$$

式中：E 表示期望；$\boldsymbol{m}$ 是 $\boldsymbol{xy}$ 的平均值。由于此矩阵仅为 2×2 维，所以可以直接求解该矩阵的特征向量和特征值。获知特征值后，能够判断来自指定区域的点集是否真正呈线状分布。例如，我们可以舍弃那些较小特征值超出某个阈值的区域。对于那些两个特征值相近的区域，我们同样可以考虑去除。只有当其中一个特征值远大于另一个时，才认为这些点分布在一条直线上。设 $\boldsymbol{e}_j$ 是与最大特征值相对应的区域 j 的归一化特征向量。那么区域 j 的双色性线 $\mathcal{L}_j$ 由以下公式给出：

$$\mathcal{L}_j=\{\boldsymbol{m}_j+s\boldsymbol{e}_j \mid \text{with} s\in\mathbb{R}\} \tag{6-46}$$

光源位于所有 $\mathcal{L}_j$ 线相交的位置。

在 XYZ 颜色空间中，由于微小的误差，这些线并不确切地相交于一点。因此，需要采用策略来确定这个交点。一种方法是计算这些线之间所有可能的交点组合，然后选取一个最合适或平均的位置作为交点。

$$\{\boldsymbol{p}_i=(x_i,y_i) \mid \text{with } i\in\{1,2,\cdots,\frac{1}{2}n(n-1)\}\} \tag{6-47}$$

实际的交点可以通过计算交点的平均值来估计。在这种情况下，光源的位置为

$$\boldsymbol{p}=\frac{2}{n(n-1)}\sum_i \boldsymbol{p}_i \tag{6-48}$$

另一种方法是取 x 坐标和 y 坐标的中位数，类似中值滤波。在这种情况下，光源的位置为

$$\boldsymbol{p}=[\text{Median}\{x_i\},\ \text{Median}\{y_i\}] \tag{6-49}$$

图 6.19 展示了使用上述算法进行图像颜色校正的结果。

(a)

(b)

图 6.19 双色法校正的结果

(a)校正前;(b)校正后

另一种策略是，寻找与黑体辐射器曲线上最为接近的交点。这种策略基于这样一个前提，即光照在许多情况下可以近似为一个黑体辐射器。然而，若光照源偏向某种特定颜色，如绿色，那么此策略便不太适用。如果我们进一步假设光照源恰好位于黑体辐射器曲线上，那么可以分别计算每条双色线与黑体辐射器曲线的交点。这将产生一系列交点坐标。可以根据这些坐标计算坐标的平均值或中位数，确定最有可能的交点。还可以计算每个交点对应的黑体辐射器温度。经过获得一系列温度后，可以选择这些交点温度的平均值或中位数。一旦估计了光照源的温度，就可以计算对应的色度值。

实际上，在没有对光源类型加以限制的情况下，也可以获得较好的效果。因此，不需要严格遵守光源必须位于黑体辐射器曲线上的这一条件。为了估计光源的颜色，可以采用所有可能双色线交点的中位数坐标，这样可以排除异常数值。估计出光源后，可以进一步计算光源的 RGB 值，随后将每个通道的 RGB 值除以相应的光源。输出的亮度经过伽马校正，以确保与输入图像的亮度一致。同样地，由于此方法是基于单一均匀光源的假设，在存在多个光源的场景中可能不太实用。

6.6 暗通道优先算法

暗通道的概念最初是何凯明博士为了解决图像去雾问题而提出的[64,65]。此算法的核心思想是，大部分非天空的局部区域都有一些颜色通道(红、绿或蓝)在亮度上的值较低，这可以称作“暗通道”。这种现象为我们提供了一个有力的先验知识，使得我

们可以从单一图像中估计场景的光照。

定义 $g(x,y)$ 是由图像传感器获取的一幅图像，$f(x,y)$ 是真实光照的图像，则传感器的成像模型可以定义为

$$g(x,y)=f(x,y)t(x,y)+A[1-t(x,y)] \tag{6-50}$$

式中：(x,y) 是图像中对应像素的坐标；$t(x,y)$ 是对应每个像素点的光线的透射率；A 表示全局光照强度。通常情况下 A 是恒定的，定义为

$$A=\frac{1}{WH}\sum_{x=0}^{W-1}\sum_{y=0}^{H-1}\frac{R(x,y)+G(x,y)+B(x,y)}{3} \tag{6-51}$$

式中：$R(x,y)$、$G(x,y)$、$B(x,y)$ 代表偏色图像中对应 (x,y) 点的 r、g、b 通道的值。

根据暗通道的先验知识可以得到

$$D_{\text{dark}}(x,y)=\min\nolimits_{(x,y)\in\Omega(x,y)}[\min\nolimits_{(r,g,b)}(f(x,y))]\approx 0 \tag{6-52}$$

式中：$\Omega(x,y)$ 是 (x,y) 像素对应的一个邻域。对于一个小的邻域来说，光照透射率 $t(x,y)$ 是恒定的，变换后可以得到

$$t(x,y)=1-\frac{\min\limits_{(r,g,b)}[g^{c}(x,y)]}{A}+\frac{\min\limits_{(r,g,b)}[f^{c}(x,y)]}{A}t(x,y) \tag{6-53}$$

式中：$g^{c}(x,y)$ 表示 $g(x,y)$ 邻域中 r、g、b 通道的最小值；$f^{c}(x,y)$ 表示 $f(x,y)$ 邻域中 r、g、b 通道的最小值。根据暗通道先验知识，式(6-53)中第 3 项为 0，从而得光透射率图如图 6.20 所示。其中，图 6.20(b)为暗通道图，图 6.20(c)图为光透射模型。

$$t(x,y)=1-\frac{\min\limits_{(r,g,b)}[g^{c}(x,y)]}{A} \tag{6-54}$$

根据先验知识，图像中白色区域或者高饱和度区域的光线透射率较低，本算法就是根据以上特性来计算图像中白色区域。但是如果图像中存在比较强的光源或者高饱和度的区域，这些区域就会被错误检测为白色区域，最终导致结果出现较大偏差。为了解决这个问题，可以通过设置一个阈值来去除高饱和度区域。

$$T(x,y)=\begin{cases}255, t(x,y)<t_1;\ g^{c}(x,y)<K\\ 0,\quad \text{其他}\end{cases} \tag{6-55}$$

式中：$T(x,y)$ 是对应的白色区域阈值变换之后的二值图像；K 为设置的一个变换阈值；t_1 为平均透射率，即

$$t_1=\frac{1}{WH}\sum_{x=0}^{W-1}\sum_{y=0}^{H-1}t(x,y) \tag{6-56}$$

图 6.20(a)中红色框的区域由于室外强光的照射，在像素级别上是非常接近白色的，如果将其当作正常白色区域来计算，结果会出现较大的偏差。图 6.20(d)是本节的方法提取到的白色区域。

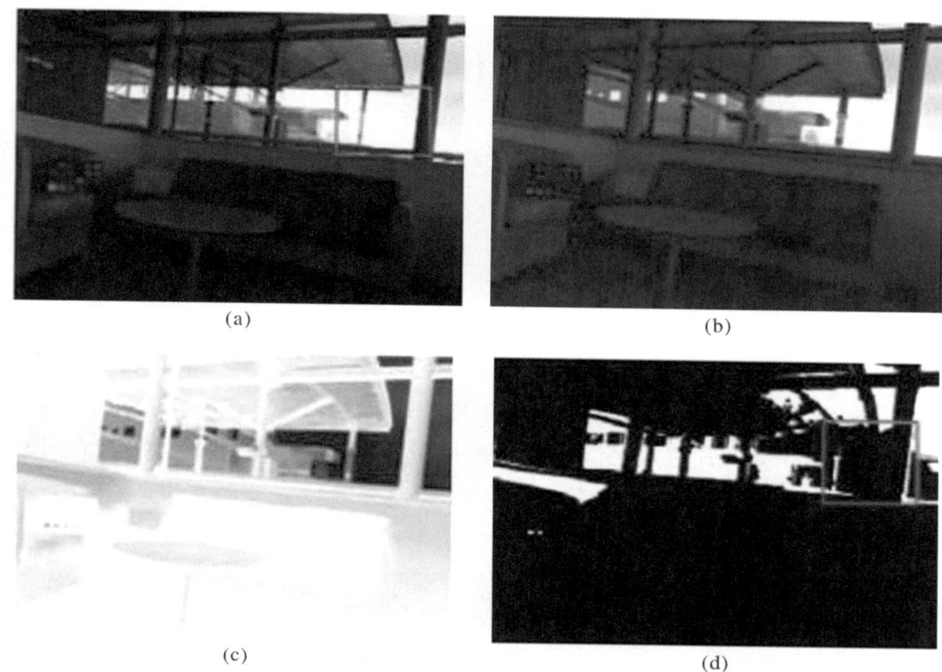

图 6.20 白色区域提取过程

(a)原始偏色图像;(b)暗通道图像;(c)估计出的光透射模型;(d)最终提取的稳定的白色区域

(图中红色框的区域从视觉来看是很明显的过饱和的区域,
本节的算法在提取白色区域的时候有效地排除了这部分区域)

这里存在一个问题,式(6-55)中如何得到可靠的阈值 K。可以从数据集中随机选择多幅含有较多高饱和区域的图像进行统计实验,经过大量图像统计,最终 K 的值可以定为 230,即大于 230 认为是过饱和区域。

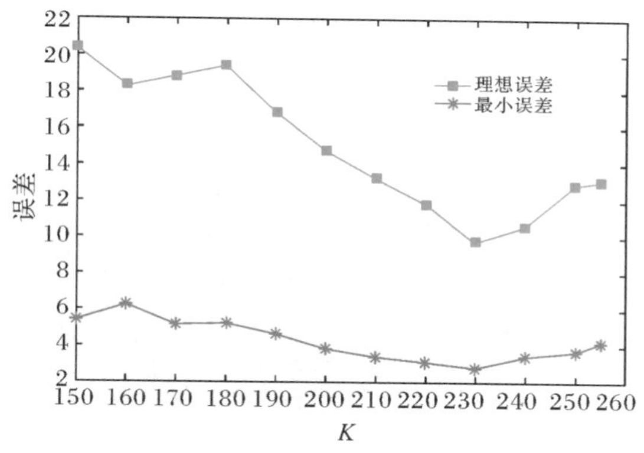

图 6.21 不同阈值 K 的取值时的误差比较

图 6.21 中的曲线表明选择不同的 K 值得到的平均误差和最小误差,可以看出,当 $K=230$ 时,最小误差和平均误差均最小。当 $K<200$ 时,很多真实的白色点被排除掉,导致找到较少白色点,最终误差较大;当 $K=255$ 时,即不限制饱和区域。从图 6.21 中的曲线可以看出,限制 $K=230$ 比不限制 K 值误差降低了约 26%。

在得到白色区域后,使用白色区域的均值来计算 r、g、b 三个通道的校正增益:

$$W_{r,b,g}=\frac{\sum\limits_{(x,y)\in\{T(x,y)=255\}} g(x,y)}{\sum\limits_{(x,y)\in\{T(x,y)=255\}}^{n} T(x,y)} \tag{6-57}$$

接下来可以根据计算的增益来校正图像，如果直接校正图像的话可能导致图像亮度发生较大的变化。这就需要对增益进行归一化处理。

CIE－XYZ 颜色空间能够很好地反映色度特性，因此算法使用 CIE－XYZ 颜色空间相对于 Y 来对 R、G、B 进行归一化处理，根据 CIE－XYZ 空间定义可以得到 Y 通道的增益为

$$W_Y=0.212\,671\times W_r+0.715\,16\times W_g+0.072\,169\times W_b \tag{6-58}$$

通过 Y 通道的增益，用下面的公式来校正图像：

$$f^{w}(x,y)=g(x,y)\times\frac{W_Y}{W_{r,g,b}} \tag{6-59}$$

式中：f^{w} 为校正后的图像；W_Y 为 Y 通道校正增益；$W_{r,g,b}$ 为 r、g、b 三个通道的校正增益。

图 6.22 展示了几幅通过本算法进行颜色校正的结果，左图为偏色图像，右图为去除光照后的图像，从图中可以看出，本算法可以较好地去除掉光照颜色以得到较为准确的色彩。

图 6.22 暗通道优先算法进行图像颜色校正的结果

6.7 本章小节

本章对基于传统方法的颜色恒常性进行了详尽的探讨。颜色恒常性，这一令人惊奇的视觉现象，意味着尽管光线条件发生变化，物体的颜色在我们的视觉中仍然保持一致。为了能够模拟、解释并实现这一复杂的视觉效果，历代的学者们不断地探索并提出了一系列方法。

这些传统方法，从基础的理论模型到实际的应用技术，无不体现了当时科学家们的聪明才智和对问题的深入钻研。他们在其时代为颜色恒常性问题的研究建立了坚实的基石，为后来的研究提供了理论基础和应用指导。每一种方法都有其独特的角度和思路，这些研究之间的互补性为读者提供了一个全面而深入的视角，让读者理解颜色恒常性的本质和挑战。

近年来，随着深度学习技术的迅速崛起，许多传统问题都得到了新的解决方案。深度学习方法在颜色恒常性等诸多领域，都表现出了卓越的性能和效果。但是，我们不能否认传统方法的价值。尽管它们在某些应用中可能已经被深度学习方法超越，但它们的核心思想、理论原则和解决问题的哲学思维仍然为研究提供了宝贵的经验和知识。这些传统方法不仅仅是颜色恒常性研究的历史脚注，更是我们今天研究的基石和指导灯塔。

最后，希望读者在学习本章后，不仅能够对颜色恒常性的传统方法有更深的理解和认识，而且能够从中汲取智慧，为未来的研究和实践提供创新的思路和方向。

第7章 基于学习的颜色恒常性算法

继上一章详细探讨了颜色恒常性的传统方法之后，本章将转向一个新的、在近年来显示出巨大潜力的方向——基于学习的方法。随着计算能力的增强和大数据时代的到来，机器学习，尤其是深度学习，在多种任务中都取得了突破性的成果。颜色恒常性也不例外。在本章中，我们将详细介绍这些基于学习的方法是如何在颜色恒常性任务上重塑我们对问题的认识，以及如何利用海量数据和复杂网络为我们提供前所未有的精确度和稳健性。让我们深入这些先进的技术，了解其如何改变颜色恒常性领域的研究格局。

7.1 基于贝叶斯的颜色恒常性算法

贝叶斯颜色恒常性算法最早由 Brainard 等提出[66]，其中假设反射表面是独立的而且满足高斯分布，但 Rosenberg 等认为该假设过强[67]，因此提出了更加实用的基于非高斯模型的贝叶斯颜色恒常性，并假设周围的像素点都是不相关的。该算法以物体表面反射率和光源为变量，根据图像数据的后验分布来估计光源。关键公式为

$$y = lx \tag{7-1}$$

$$P(l \mid Y) \propto P(Y \mid l) p(l) \tag{7-2}$$

$$P(Y \mid l) = \int_X \left(\prod_i p(y(i) \mid l, x(i)) \right) p(X) \mathrm{d}X \tag{7-3}$$

其中：Y 表示要预测光源的图像；y 表示图像上每个像素点；l 表示预测的光源；X 表示图像物体反射表面；x 表示每个像素点的物体反射表面。

式(7-1)表示观察到的每个像素值，都是由对应物体反射表面 x 乘上当前光源 l 得到。式(7-2)把问题由图像 Y 在某光源 l 下出现的概率，根据贝叶斯公式转换而成，在某光源下得到该图像 Y 的概率乘上该光源出现的概率。先验分布 $p(l)$ 是由训练图集中的光源分布情况得到。式(7-2)即为在给定光源 l 下，图像 Y 出现的似然函数。

根据假设把所有物体反射表面种类分到 K 个箱子中，那么 X 可以用 $f(n_1,n_2,\cdots,n_K)$来表示，其中$\sum_k n_k=n$，n 为总出现次数。据此得到

$$p[x(1),x(2),\cdots,x(n)]\propto f(n_1,n_2,\cdots,\hat{n}_K) \tag{7-4}$$

其中，$f(n_1,n_2,\cdots,n_k)$是用来描述当前物体反射表面出现概率的函数，这里假设 m_k 表示第 K 种物体反射表面出现的概率，m_k 由训练得到。由于反射表面之间的独立性，得到：

$$f(n_1,n_2,\cdots,n_k)=\prod_{k=1}^{K}{m_k}^{n_k} \tag{7-5}$$

式(7－5)有很多改进版，主要目的是为了减小计算量，Gehler 等后续也对此进行了改进，这里不一一展开。

式(7－3)可以等价于

$$P(Y\mid l)=|L^{-1}|^n p(X=L^{-1}Y) \tag{7-6}$$

式中：Y 表示要预测光源的图像；L 表示当前光源；$p(X=L^{-1}Y)$表示 Y 经过 L 的校正后的图像，根据式(7－4)计算出现的概率；$|L^{-1}|^n$ 这一项为一个系数，目的是为了让这个分布合法，也就是概率分布之积为 1。

算法遍历所有可行光源 L，求出式(7－2)的最大概率值，即为所预测的光源。

贝叶斯颜色恒常性算法的计算量非常大，后来 Finlayson 等为解决此问题提出了校正矩(Color by Correlation)算法。

7.2 基于校正矩的颜色恒常性算法

校正矩算法是由 Finlayson 等提出的[68]，他们发现一般图像经过简单的灰度世界算法以后，图像已经可以达到一个不错的校正结果，那么只需要再在这个结果上进行进一步的校正，可以使得图像有一个较为满意的校正效果。

在统计学上，有一类数据特征称为矩，计算的是数据求阶数后的期望。求平均值的操作，即可以看作直接求数据的期望，为一阶矩。那么一张图片的一阶矩可以表示为

$$\lfloor E(R)E(G)E(B)\rfloor \tag{7-7}$$

二阶矩可以表示为

$$\begin{bmatrix} E((R)^2)^{0.5} & E((G^2))^{0.5} & E((B^2))^{0.5} \\ E((RG))^{0.5} & E((RB))^{0.5} & E((GB))^{0.5} \end{bmatrix} \tag{7-8}$$

$E(\cdot)$表示为期望，为了更具一般性，当阶数为 M 时，包含的单项式数目 N 等于 $\frac{(M+2)!}{2M!}$(M 等于 2 时，N 等于 6；M 等于 3 时，N 等于 10)。每一个 m 阶项式可以

表示为

$$p_{uvw}=\left[\frac{\sum_{i=1}^{N}R_i^u G_i^v B_i^w}{N}\right]^{1/(u+v+w)} \tag{7-9}$$

$$u+v+w=m, u,v,w\geqslant 0$$

将 m 个多阶矩项式合到一起,可以得到一个 $1\times m$ 的矩阵 $\boldsymbol{p}_m$,表示数据的多项矩的信息。那么,可以得到

$$p^E=\boldsymbol{p}_m\boldsymbol{C}_{m\times 3} \tag{7-10}$$

式中:p^E 表示场景光源色温;$\boldsymbol{C}_{m\times 3}$ 表示一个 $m\times 3$ 的调节矩阵,这个调节矩阵可以通过在图集中训练得到。取 N 张图集中的图像,每张图都有与之对应的光源色温,得到:

$$\min_{\boldsymbol{C},d_i}\sum_{i=1}^{N}\| d_i\boldsymbol{P}_i\boldsymbol{C}-L_i\|^2 \tag{7-11}$$

式中:$\boldsymbol{C}$ 为 $m\times 3$ 的调节矩阵;$\boldsymbol{P}_i$ 为第 i 张图的矩阵;L_i 为第 i 张图对应的光源色温;d_i 为标量系数,用于调节第一项的范数大小。

求解式(7-11)可以使用交替最小二乘法:

(1)初始化,将 d_i 所有的值赋为 1。

(2)$\boldsymbol{C}=[d_i\boldsymbol{P}_i]^+L_i$,其中$[\cdot]^+$表示矩阵的伪逆。

(3)$d_i=L_i[\boldsymbol{P}_i\boldsymbol{C}]^+$。

(4)如果 $\boldsymbol{C}$ 还未收敛,回到第(2)步,直到 $\boldsymbol{C}$ 收敛。

将训练完的 $\boldsymbol{C}$ 取出,即可用于校正矩的光源色温预测。该方法与一般的基于学习方法不太一样,算法的计算效率极高,与静态算法效率差不多,仅仅多了一次矩阵的乘法操作。

7.3 卷积颜色恒常性

卷积颜色恒常性(CCC)的核心任务是消除图像中的光照颜色偏差,以保持物体的固有颜色。这个问题困扰着许多研究者,因为它受到许多复杂因素和不确定性的影响。在传统方法中,为解决这个问题,研究者们通常依赖于对自然物体和光照颜色的统计规律进行模拟。本节介绍一种新方法,将颜色恒常性任务视为在对数色度空间中的 2D 空间定位任务[69],而非仅仅依赖于颜色统计。这种方法允许我们利用现代的物体检测和结构预测技术来解决这一问题。

为简化问题,图像中的像素颜色可以被视为两个因素的乘积:反射性(即场景中各物体的固有颜色)和照明(即光线照射到物体表面时的颜色),即一种简化的成像模

型，如图 7.1 所示。

计算机实现这种色彩感知能力是极具挑战性的，因为这一任务在本质上是不确定的。例如，面对一个黄色的像素，如何确定这是因为一个白色物体处于黄色的光源下，还是一个黄色物体在白色光源下的结果？这一问题被广泛地称为“固有图像”问题。但当专门考虑推断和调整图像中的光源颜色时，这个问题通常被称为“颜色恒常性”或“白平衡”。

I = W × L

图 7.1 简化的成像模型

通过大量图像的观察，研究者发现，当调整图像的颜色通道时，它会导致图像的对数色度直方图相应地发生偏移。利用这一现象，将颜色恒常性问题重新定义为一个判别学习任务，并适用了卷积神经网络以及结构化预测的策略。进一步地，我们视颜色恒常性为在一个二维空间中的模板匹配问题，借助这种判别性训练的方法，本节的颜色恒常性算法相比于传统方法有了极大的提升。

考虑一个从摄像机获取的光度线性图像 I，在此图像中已进行黑电平校正（第 3 章中已经做过相关介绍），并且没有像素值饱和。根据简化的成像模型，图像 I 中的每个颜色像素值都是该像素的“真实”的颜色值 W 与全局的光照 L 的乘积，如图 7.1 所示，用公式定义为

$$I = WL \tag{7-12}$$

这是一种成像模型简化版本，它同样是假设图像中仅有一个均匀光照。没有考虑到如阴影、反射特性以及空间变化的照明等复杂因素。此模型基于这样一个假设，即通过单独调节每个颜色通道的增益，可以达到颜色恒常性，这也被称为 Von Kries 的适应规则。尽管这是一个初步的假设，但其在实践中已证明是有效的，在几乎所有的基于学习的算法中都使用了这样一个简化成像模型。我们的目标是，给定成像的图像 I，估算光照 L，然后得到真实去除了光照的图像 $W=I/L$。

常用的 RGB 具有 3 个颜色通道，为了减少计算量，通过 log 变化将 RGB 转换为两个色度测量值 u 和 v，即

$$\begin{cases} I_u = \log(I_g/I_r), \quad I_v = \log(I_g/I_b) \\ W_u = \log(W_g/W_r), \quad W_v = \log(W_g/W_b) \end{cases} \tag{7-13}$$

此外，为 I 定义一个亮度测量值 I_y 为

$$I_y=\sqrt{I_r^2+I_g^2+I_b^2} \tag{7-14}$$

这里我们不必关心 W 的绝对缩放，估计 L 的问题进一步简化为仅估计 L 的"色度"，这可以简单地用两个数字来表示，即

$$L_u=\log(L_g/L_r),\quad L_v=\log(L_g/L_b) \tag{7-15}$$

根据定义和对数的性质，可以在这个对数色度空间中重写式(7-13)中的问题公式：

$$W_u=I_u-L_u,\quad W_v=I_v-L_v \tag{7-16}$$

因此，问题简化为恢复两个量：(L_u, L_v)。由于绝对尺度的不确定性，从 RGB 到 UV 的反向映射是未定义的。所以，在恢复 (L_u, L_v) 之后，额外假设 L 是单位范数，这使得能够恢复 (L_r, L_g, L_b)。

假设 L 为 1，可以恢复光照的 RGB 值：

$$\begin{cases} L_r=\dfrac{\exp(-L_u)}{z},\quad L_g=\dfrac{1}{z},\quad L_b=\dfrac{\exp(-L_v)}{z} \\ z=\sqrt{\exp(-L_u)^2+\exp(-L_v)^2+1} \end{cases} \tag{7-17}$$

这种对数色度空间相比于 RGB 空间有多个优点。第一，只有 2 个未知数，而不是 3 个；第二，只有一个简单的线性约束关联 W 和 I，而不是一个乘法约束。

接下来详细介绍一下本算法是如何训练学习的。

【学习】 给定输入图像 I 及其对应的真实光照 L。我们将从 I 构建一个直方图 M，其中 $M(u,v)$ 表示 I 中色度接近 (u,v) 的像素数，直方图由每个像素的亮度加权得到：

$$M(u,v)=\sum_i I_y^{(i)}\left[\left|I_u^{(i)}-u\right|\leqslant\frac{\epsilon}{2}\wedge\left|I_v^{(i)}-v\right|\leqslant\frac{\in}{2}\right] \tag{7-18}$$

其中，方括号是示性函数，而 $\in$ 是直方图的 bin 宽度(在所有实验中 $\in=0.025$，且直方图有 256 个 bins)。为了优化所采用的直方图特征 N，首先进行直方图的归一化处理。这个步骤可以采用多种归一化技术，这里采用式(7-19)中的归一化方法，并且这种处理通常可以增强直方图特征的表现能力。

$$N(u,v)=\sqrt{\frac{M(u,v)}{\sum\limits_{u',v'}M(u',v')}} \tag{7-19}$$

在图 7.2 中，展示了同一图片场景的三个不同色调处理的版本，以及对应每种的色度直方图。值得注意的是，除了采样误差外，每个直方图都可以看作是其他直方图的移位版本，而直方图的整体形态并未发生改变。这种现象源于对于"和"的定义：调整一个像素的 RGB 值在对数色度上表现为直方图的移位。这种图像的色调处理与直方图移位之间的对应关系为算法提供了坚实的基础。

对应的直方图中，为了便于观察，叠加了一个坐标轴，横轴为 u，纵轴为 v。这些

图像在色调上有所不同，主要体现在红色和蓝色的缩放上。而当调整图像的色调时，其影响主要体现在对数色度空间的直方图平移上。这种特点启发我们采用卷积方式进行颜色校正。

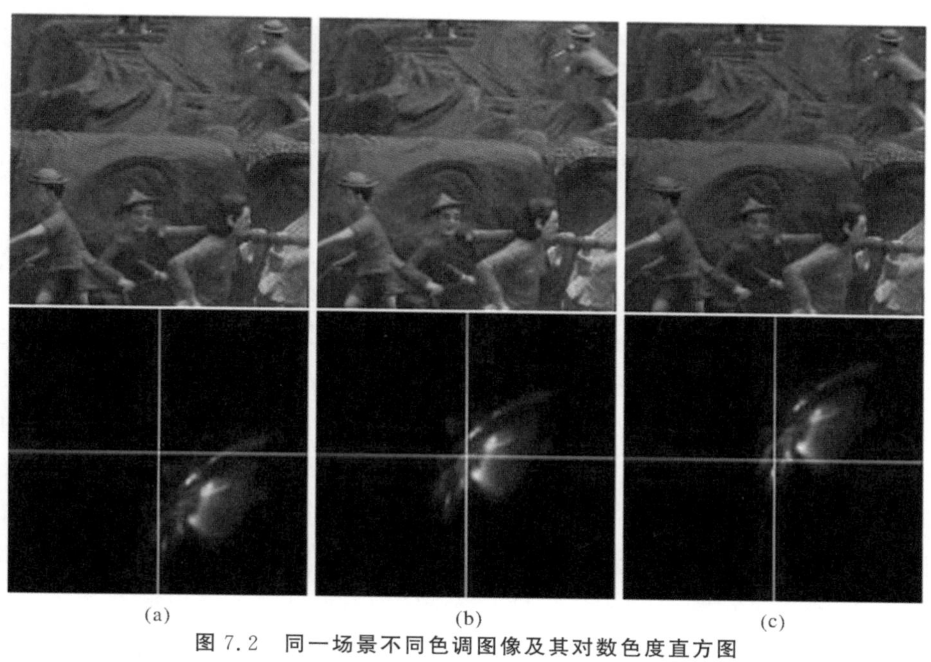

(a) (b) (c)

图 7.2 同一场景不同色调图像及其对数色度直方图

(a)输入图像；(b)真实图像；(c) 色调处理后的图像

这个算法的核心思想是考虑图像的所有可能色调，对每个色调处理后的图像进行评分，然后选择得分最高的色调作为输入图像的预测光照。虽然这听起来像是一个计算成本很高的方法，因为它似乎需要对所有可能的色调进行暴力搜寻，并对每一个色调都应用某种评分方法。但实际上，只要评分函数是直方图 bin 的线性组合，这种暴力搜索就等同于执行一个 N 与某滤波器 F 的卷积操作，而这样的卷积操作有许多高效的实现方法。

该算法可以描述为：从输入图像 I 构建一个直方图 N，用某个滤波器 F 对该直方图进行卷积，然后使用得分最高的光照 $\hat{L}$ 来产生 $\hat{W}=I/\hat{L}$。即：

$$(\hat{L}_u,\hat{L}_v)=\text{argmax}_{u,v}(NF) \tag{7-20}$$

需要一种方法来从训练数据中学习一个滤波器 F，以便卷积产生准确的输出。

$$\min_F \lambda \sum_{u,v} F(u,v)^2 + \sum_{i,u,v} P(u,v)C(u,v,L_u^{(i)},L_v^{(i)}) \tag{7-21}$$

$$P(u,v)=\frac{\exp[(N^{(i)}*F)(u,v)]}{\sum_{u',v'}\exp[(N^{(i)}*F)(u',v')]} \tag{7-22}$$

其中，F 是要学习的滤波器的权重，$\{N^{(i)}\}$ 和 $\{L^{(i)}\}$ 分别是训练集色度直方图和真实光照，而$(N^{(i)}*F)(u,v)$是对 $N^{(i)}$ 和 F 在位置(u,v)处进行卷积操作的结果。为方便起见，定义了 $P(\hat{u},v)$，它是直方图中每个 (u,v) bin 的 softmax 概率，作为 $N^{(i)} * F$ 的函数。通过最小化 F 的元素的平方和来对滤波器的权重进行正则化，同时考虑了一些超参数 λ。在高层次上，通过最小化损失找到了一个 F，使得 $N^{(i)} * F$ 在 $(L_u^{(i)},L_v^{(i)})$ 处比其他地方要大，其中 $C(u,v,u^*,v^*)$ 定义了在估计错误的光照下产生的损失：

$$\left.\begin{aligned} &C(u,v,u^*,v^*)=\arccos\left(\frac{\langle \ell,\ell^* \rangle}{\| \ell \| \, \| \ell^* \|}\right) \\ &\ell=[\exp(-u),1,\exp(-v)]^{\mathrm{T}} \\ &\ell^*=[\exp(-u^*),1,\exp(-v^*)]^{\mathrm{T}} \end{aligned}\right\} \tag{7-23}$$

C 衡量了由 (u,v) 和 (u^*,v^*) 定义的光照之间的角度误差，这也是颜色恒常性算法通常评估的误差。

模型训练阶段，首先将 F 设为全零（初始化对结果影响不大）。开始阶段，使用随机梯度下降（SGD）策略对损失函数式（7－20）进行优化。接着，切换到批量 L－BFGS 方法并继续训练直至模型收敛。结合这两种优化策略可以使得模型达到更低的损失和更优的测试集错误率，同时保持较高的训练速度，这相比于单独使用 SGD 或者单独使用批量 L－BFGS 都更为高效。虽然损失函数是非凸的，优化过程却十分稳定，并且得到的模型表现超过了那些使用凸近似损失函数的其他模型。

图 7－3 展示了训练过程中使用的损失函数 $C(u,v,u^*,v^*)$ 随着光照颜色 (u,v) 的变化而变化的可视化，每个图中用圆圈标出了真实的光照颜色 (u^*,v^*)。图中亮度较暗的表示较高的损失。这些损失在训练过程中用来调整滤波器的参数，使光照颜色 (u,v) 更接近真实光照 (u^*,v^*)。

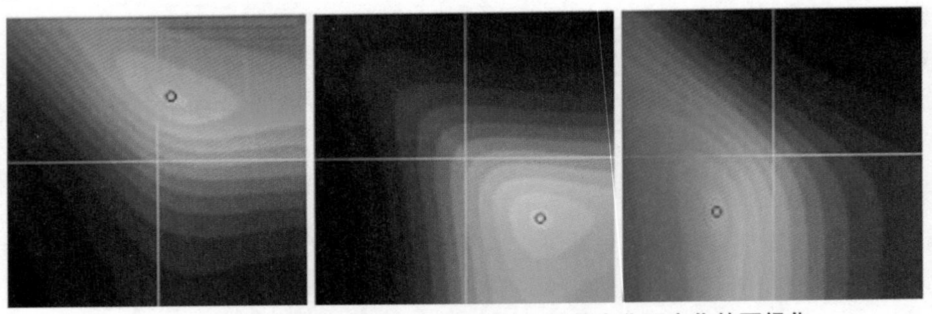

图 7.3　训练过程中损失函数 C 随着 (u,v) 的变化而变化的可视化

该优化问题在某种程度上类似于多项逻辑回归，但与此同时，每个色度 (u,v) 都有一个可变的损失 C，用于衡量每个可能的 (u,v) 色度与某个真实色度 (u^*,v^*) 之间的损失。通过引入 softmax，模型被构建为一个分类任务，而这种可变损失的引入使其又更接近结构化预测的性质。此外，可以简单地最小化 $P(u,v)$ 相对于 (u^*,v^*) 处的 delta 函数的交叉熵，以及使用最大间隔的结构化预测，如边界重新缩放和松弛重新缩放。

本算法的核心在于模型是经过判别性训练的。所采用的结构化预测方式意味着模型是根据我们真正关心的标准，即在训练集中准确地识别各种光照颜色来直接学习的。生成模型根据以下优化问题来学习滤波器 F：

$$\max_F \sum_i \sum_{u,v} [\log(P(u,v)) N^{(i)}(u,v)] \tag{7-24}$$

$$P(u,v) = \frac{\exp[(\delta^{(i)} * F)(u,v)]}{\sum_{u',v'} \exp[(\delta^{(i)} * F)(u',v')]} \tag{7-25}$$

$$\delta^{(i)} = [(|u - L_u^{(i)}| \leqslant \varepsilon/2) \wedge (|v - L_v^{(i)}| \leqslant \varepsilon/2)] \tag{7-26}$$

最小化这个损失可以得到一个滤波器 F，使得当 F 与位于光照颜色的色度位置的 delta 函数卷积时，通过对该滤波器输出进行指数化产生的分类分布会最大化训练集色度直方图 $\{N^{(i)}\}$ 的似然性。

图 7.4 展示了判别性学习与生成性学习在相同数据集上学习到的滤波器的对比可视化。显然，通过判别性训练得到的模型比生成性模型更加精细和丰富。这是因为判别性训练不只是学习了如何表示白平衡后的图像，它还学习了如何区分经过适当校正与未经校正的图像。

生成性模型主要学习了一个类似于“灰度世界”的基础滤波器，而判别式模型则学习了更为复杂的特征，例如增加天空中的蓝色和抑制不良白平衡导致的淡绿色。判别性学习的滤波器可以被理解为在适当校正的图像中的颜色直方图与不适当校正图像的颜色直方图之间的差异。

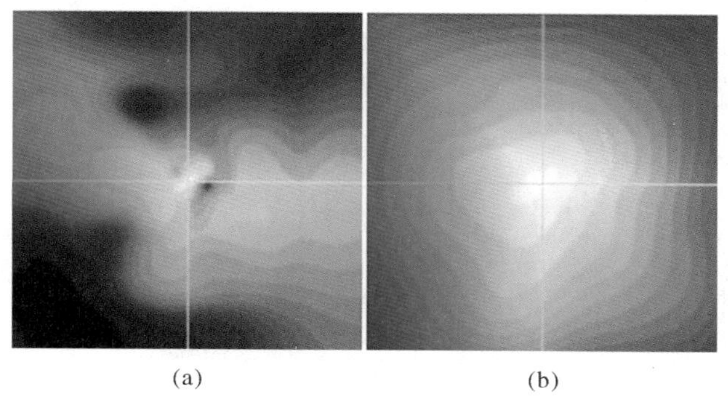

(a) (b)

图 7.4 在相同的训练数据上学习的滤波器的对比可视化

(左侧滤波器是通过判别性训练学习的，右侧滤波器是通过生成性训练学习的)

(a)判别式 F；(b)生成式 F

虽然本节的算法基于一个线性滤波器来处理色度直方图，但滤波器的具体构造会直接影响模型的性能和效率。选择与输入直方图尺寸相同的滤波器可能会导致模型过拟合，同时也增加了计算负担。通过观察，对于颜色恒常性的任务，最佳的滤波器通常采用对数极坐标或“视网膜投影”样式，该滤波器在中心区域呈现出高频的变化，而在边缘区域则呈现出低频的变化。这样的设计思路是基于一个直观的观点：当模型试图确定图像的光照颜色时，它应该更加关注那些接近预测白点的色度，而对于远离预测白点的色度，模型应该进行宽泛的分析。

为了创建一个高效的视网膜式滤波器，算法中采用了"金字塔滤波"技术进行直方图卷积。这种技术首先生成输入信号的高斯金字塔，这里使用双线性下采样从 $N(u,v)$ 构建了一个七级金字塔。然后，使用一个 5×5 的小滤波器在每个层上进行滤波。最后，我们把滤波后的各层金字塔叠加为一张图像，过程中使用双线性上采样。为了减少由于采样带来的伪影，在每次上采样之前应用了一个[1，2，1]的模糊操作。

这种滤波器设计有很多优点：首先，它的计算效率高；其次，由于参数较少，所以优化和正则化都变得简单；此外，该滤波器能够在中心提供细节描述，同时在边缘提供大致的上下文模型。金字塔滤波的可视化效果如图 7.5 所示。图中第一行展示了直方图（左上角）与视网膜滤波器（上中）的卷积，第二行通过从直方图构建金字塔，将金字塔的每个尺度与小滤波器卷积，然后折叠滤波后的直方图来更高效地评估同一滤波器。通过使用后一种滤波方法，可以简化训练过程中的正则化，并提高其速度。

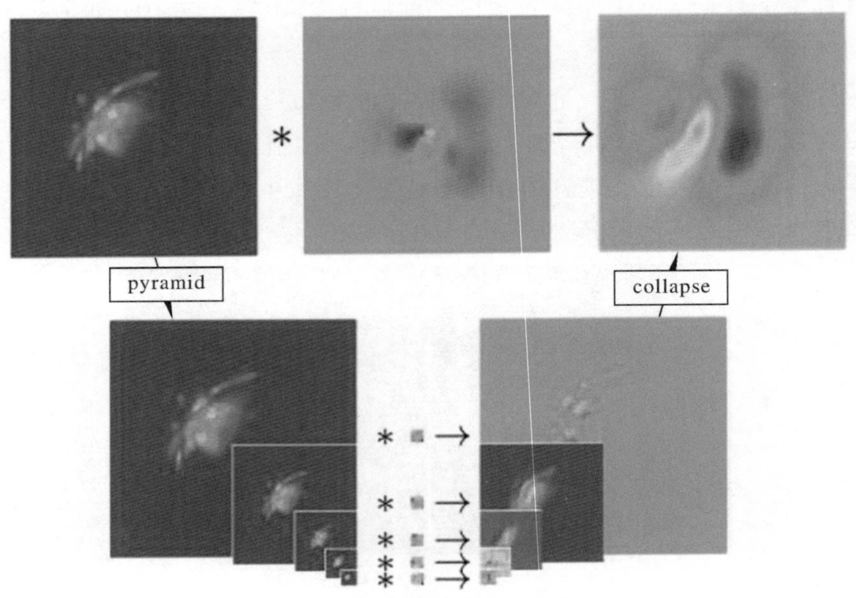

图 7.5　金字塔滤波的可视化效果

金字塔滤波可以看作是对每个像素计算一个遵循对数极坐标采样模式的特征，接着使用线性分类器对这些特征进行分类。这类特征与计算机视觉中的一些常用特征相似，例如形状上下文、几何模糊、FREAK 特征和 DAISY 特征。但与这些特征的一个主要区别在于，金字塔方法假设特征的采样模式为矩形，而非极坐标形式。此外，特征的尺度需要按 2 的整数幂来离散化，并且每个尺度的特征采样模式应有所重叠。这些特性使得我们能够在图像的每一个像素上密集地计算和分类特征，从而高精度地估计光照颜色。

上述算法通过滤波从图像 I 的像素的色度值构建的直方图 N 来估算光照颜色。

简单地说，这个模型是一种高级版的“灰度世界”算法，因为它不考虑图像中的空间信息，只是将图像当作一个像素的集合来处理。然而，效果卓越的颜色恒常性算法往往会考虑更多的信息，如边缘的颜色信息、纹理的颜色信息。

基于此，将上述算法进行改进，不仅仅是从单张图像中创建并分类一个直方图。而是从一组“增强”的图像中提取多个直方图，并将这些直方图的滤波响应在计算 softmax 概率前合并。通过这种方法，增强图像可以包含图像的边缘和空间结构信息，从而让模型不仅仅考虑单个像素的色度，还能考虑多种色度信息。

简单来看，考虑通过应用常见的图像处理技术如中值滤波器和形态学操作来产生这些增强图像。之前提到，用于构建色度直方图的图像必须将缩放精确映射到输入图像通道的色度直方图空间中的偏移。因此增强图像在每个通道的缩放上应该与直方图空间中的相应偏移一致。

为确保颜色的缩放与直方图偏移相匹配，选择的增强图像技术必须满足标量乘法的保持性。也就是说，缩放输入图像通道之后的滤波效果应该与先滤波再缩放该通道的效果相同。此外映射的输出必须是非负的，因为需要计算每个映射的输出的对数(假设输入是非负的)。以下是三种满足标准的映射方式：

$$\begin{cases} f(I, filt) = \max(0, I * filt) \\ g(I, \rho, w) = \text{blur}(I^{\rho}, w)1/\rho \\ h(I, \rho, w) = (\text{blur}(I^{\rho}, w) - \text{blur}(I, w)\rho)1/\rho \end{cases} \tag{7-27}$$

式中：$\text{blur}(\cdot, w)$是宽度为 w 的矩形滤波器；$f(\cdot, filt)$是对图像的每个通道与某个滤波器 $filt$ 进行卷积，然后将滤波后的限制在大于 0。$g(\cdot, p, w)$计算图像 I 中像素值的局部规范化，其中 $g(\cdot, 1, w)$是一个模糊操作，$g(\cdot, \infty, w)$是一个“最大值”滤波器，$g(\cdot, -\infty, w)$是一个“最小值”滤波器。$h(\cdot)$是计算像素值的一种归一化矩，$h(\cdot, 2, w)$是像素值的局部标准差，用于检测无方向的边缘或纹理。所有这些操作都需要满足标量乘法，即：

$$\begin{cases} f(\alpha I, filt) = \alpha f(I, filt) \\ g(\alpha I, \rho, w) = \alpha g(I, \rho, w) \\ h(\alpha I, \rho, w) = \alpha h(I, \rho, w) \end{cases} \tag{7-28}$$

最终，本方法中使用了 4 个增强图像：输入图像 I 本身，一个经过锐化的图像和矫正的 I，一个经模糊滤波的 I，以及一个经过标准差滤波的 I。

$$\left.\begin{aligned} & I_1' = I \\ & I_2' = \max\left(0, I * \begin{bmatrix} 0 & -1 & 0 \\ -1 & 5 & -1 \\ 0 & -1 & 0 \end{bmatrix}\right) \\ & I_3' = \text{blur}(I^4, 11)1/4 \\ & I_4' = \sqrt{\text{blur}(I^2, 3) - \text{blur}(I, 3)^2} \end{aligned}\right\} \tag{7-29}$$

图 7-6 展示了通过以上滤波后扩展增强的图像，通过使用一组“增强”图像 $\{I'_1\}$，得到额外的三个增强图像，除了输入图像之外，还捕捉了局部空间信息（纹理、高光和边缘）。在训练过程中，简单地学习了 4 个金字塔滤波器，然后在计算 softmax 概率之前将各个滤波器的响应求和。

图 7.6 扩展增强后的图像

图 7.7 中可视化了最终模型的计算过程，输入图像 I 被转换成一组保持尺度的增强图像 $\{I'_j\}$，突出显示图像的不同方面（边缘、纹理、高光等）。增强图像集合被转换成一组色度直方图 $\{N_j\}$，对于这些直方图，我们已经学习了一组金字塔滤波器权重 $\{F_j\}$。这些直方图与滤波器卷积，然后相加，为色度直方图中的所有区间提供得分。得分最高的区间被假定为光源的颜色 $\hat{L}$，输出图像 $\hat{W}$ 通过将输入图像除以该光源而产生。

图 7.7 CCC 算法进行图像校正的过程和结果

续图 7.7 CCC 算法进行图像校正的过程和结果

基于学习的方法受限于数据集，其性能可能会随着使用更大的数据集而得到提升，这与目标检测和识别任务中的发展趋势相似。本章后面的内容将主要讨论几种基于学习的尤其是深度学习的方法。

7.4 快速傅里叶颜色恒常性

快速傅里叶颜色恒常性(Fast Fourier Color Constancy，FFCC)是由 Google 推出的一种基于频域的颜色恒常性解决方法[70]。与之前的 CCC 算法相比，它旨在更快、更精确地估计图像的白平衡。两者都采用色度信息来避免亮度的干扰。

虽然 FFCC 和 CCC 在处理颜色恒常性时有相似之处，但 FFCC 具有一个关键的优化：利用快速傅里叶变换(FFT)来对对数色度直方图进行卷积操作。此外，为了加速计算，FFCC 使用了一个较小的直方图来执行该卷积。这一改进初看似乎是一个小变化，但由于 FFT 卷积的周期性特性与自然图像的统计属性相结合，其实它对算法的性能产生了重大影响，这在后续的分析中会得到进一步的解释。与 CCC 相似，给定一个输入图像 I，从 I 构建一个直方图 N，其中 $N(i,j)$是 I 中对数色度接近对应于直方图位置(i,j)的(u,v)坐标的像素数量：

$$N(i,j)=\left[\sum_{k}\operatorname{mod}\left(\frac{u^{(k)}-u_{lo}}{h}-i,n\right)<1\ \wedge\ \operatorname{mod}\left(\frac{u^{(k)}-u_{lo}}{h}-j,n\right)<1\right] \tag{7-30}$$

式中：i,j 是从 0 开始索引的；$n=64$ 是直方图 bin 数量，$h=1/32$ 是 bin 的大小；(u_{lo},v_{lo})是直方图的起始点。

由于直方图的尺寸限制，所以无法完整捕获大多数自然图像的丰富颜色分布。

为了解决这一问题，在对数色度上应用了模运算来实现像素的“环绕”。这种策略确保不会失去图像像素的信息，因为其他的边界处理方式可能不符合卷积预设。在FFCC算法中，与传统的CCC方法不同，直方图中的特定坐标(i,j)不再代表一个固定的(u,v)颜色，而是可能代表一个无限延续的(u,v)颜色序列。这意味着，当获取滤波后的直方图的中心，它不再直接代表单一的光源颜色，而是一系列可能的光源颜色。将这一特点称作“光照混叠”。为了处理这种混叠，算法中采用了一种特殊的技巧对混叠的光照进行分解和修正。具体的FFCC方法流程和如何解决光照混叠问题的细节如图7.8所示。

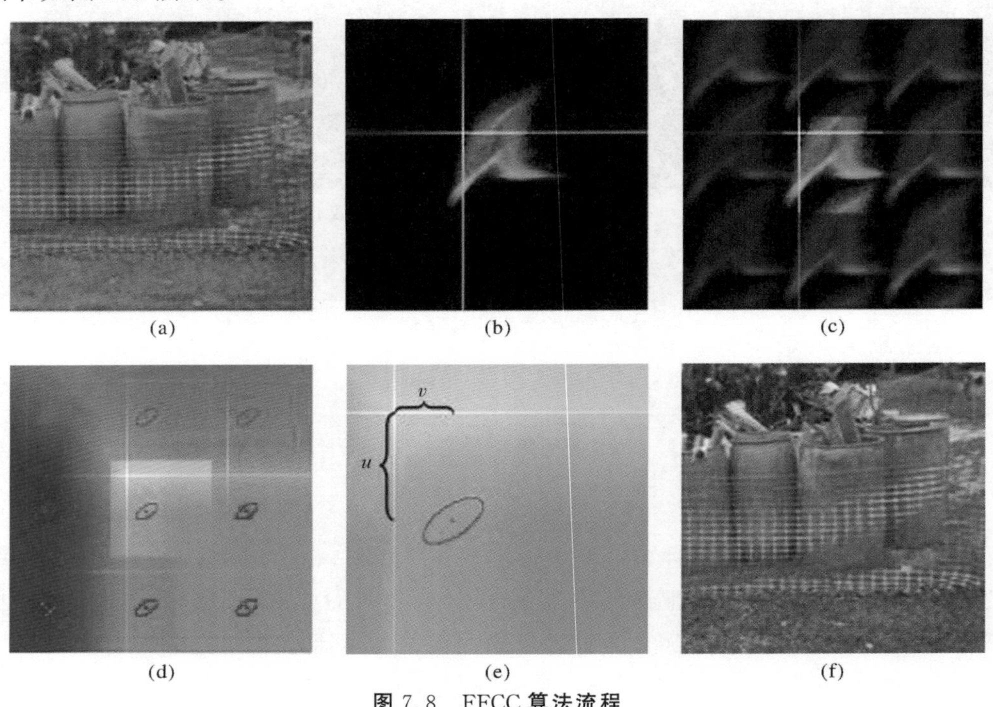

图7.8　FFCC算法流程

图7.8中，图(a)为输入图像，通过CCC中的方法将其转换成对数色度直方[见图(b)]。但与CCC不同的是，直方图是小且呈环状的，这意味着像素可以在边缘混叠[见图(c)]。如果按照CCC的方式简单地作为光照估计，则实际上是一个可能光照的无限集合[见图(d)]。这就需要去除混叠现象，即通过某种算法来消除光照的歧义，以选择一种最有的光照估计[见图(e)]。在这个去混叠的对数色度空间中，模型的输出(u,v)坐标对应于光照的颜色，然后可以从输入图像中去除得到一幅正常颜色的图像[见图(f)]。

为了解决光照混叠的问题，必须采用外部信息或其他颜色恒常性技术以消除光照估计的模糊性。一种策略是选择能够使图像的平均颜色接近中性的光照估计，此方法被称为“灰度世界去混叠”策略。可以计算整个图像的平均对数色度值$(\bar{u},\bar{v})$并使用这一色度值来将一个混叠的光照估计$(\hat{L}_u,\hat{L}_v)$转换为一个明确的、去混叠的光照$(\hat{L}'_u, \hat{L}'_v)$：

$$\bar{u} = \max_k(u^{(k)}), \quad \bar{v} = \text{mean}_k(v^{(k)}) \tag{7-31}$$

$$\begin{bmatrix} \hat{L}'_u \\ \hat{L}'_v \end{bmatrix} = \begin{bmatrix} \hat{L}_u \\ \hat{L}_v \end{bmatrix} - (nh)\left\lfloor \frac{1}{nh} \begin{bmatrix} \hat{L}_u - \bar{u} \\ \hat{L}_v - \bar{v} \end{bmatrix} + \frac{1}{2} \right\rfloor \tag{7-32}$$

另一种策略称为“灰光去混叠”，它基于光照颜色应接近直方图的中心的假设。为了实施这种策略，必须精确地设定直方图的起始点(u_{lo}, v_{lo})，确保真实的自然场景中的所有光照都落在直方图的范围之内，并设置$\hat{L}' = \hat{L}$。通过优化直方图的参数，使其边界与训练数据中的真实光照值有最大的距离。尽管中性光去混叠的方法实现相对简单，但与中性光去混叠策略相比，当直方图尺寸过小而无法覆盖所有可能的光照颜色时，该策略可能导致系统性误差。

为了总结 CCC 和 FFCC 在光照混叠方面的区别，CCC 按照以下方式执行光照估计：

$$\begin{bmatrix} \hat{L}_u \\ \hat{L}_v \end{bmatrix} = \begin{bmatrix} u_{lo} \\ v_{lo} \end{bmatrix} + h\left[\underset{i,j}{\text{argmax}}(N * F)\right] \tag{7-33}$$

其中，$N * F$ 是使用金字塔卷积来执行的。FFCC 对应于以下的过程：

$$P \leftarrow \text{softmax}(N * F) \tag{7-34}$$

$$(\boldsymbol{\mu}, \boldsymbol{\Sigma}) \leftarrow \text{fit\_bvm}(P) \tag{7-35}$$

$$\begin{bmatrix} \hat{L}_u \\ \hat{L}_v \end{bmatrix} \leftarrow \text{de\_alias}(\boldsymbol{\mu}) \tag{7-36}$$

其中，N 是一个小而有混叠的环状直方图，卷积使用快速傅里叶变换（FFT），此外，必须根据需要对过滤后的直方图的中心进行去混叠处理。通过将这一系列操作构建为可微分方程，基于去混叠光照预测计算的损失传播梯度，从而以端对端的方式优化模型以学习滤波器 F。式(7-35)中的中心拟合是通过对概率密度函数（PDF）拟合双变量的循环正态分布（von Mises）来实现的，接下来详细解释这个过程。

可微分的双变量 von Mises：对于环状概率密度函数（PDF）的处理，框架需要一种方法来简化为单一的光照估计。传统的方法，如定位定义在环上的直方图的质心，存在一定挑战。例如，当输入分布跨越 PDF 的边缘时，采用双变量高斯的拟合可能不会提供准确的结果。为了时间上的平滑性和置信度估计，模型预测的质心附近需要一个经过良好校准的协方差矩阵。为了满足这些需求，拟合方法必须是端到端的，并且是可微分的。这样，它才能被整合为学习框架的一部分，并允许梯度的反向传播。为了克服这些挑战，设计一个双变量 von Mises 分布的改进版本。该方法旨在有效地定位 PDF 的均值和协方差，同时确保能够方便地进行反向传播。

双变量 von Mises 分布（BVM）是定义在环状结构上的概率密度函数（PDF）的一种参数化方法。尽管存在多种参数化策略，但它们在“浓度”的表示方式上有所不同，其中“浓度”与协方差有着相似的概念。这些传统的参数化策略在特定的应用中遇到了困难：它们未能为最大似然估计器提供封闭形式的解，不利于反向传播，并且都基于角度来定义“浓度”，这在颜色去混叠过程中需要进一步转化为协方差矩阵。鉴于这些挑战，FFCC 设计了一种新的参数化方法。在此方法中，BVM 的参数直接被估计为均值 μ 和协方差 Σ。这种参数化提供了一个简洁、可微分且封闭形式的表达式。虽然它是基于近似的估计，但在分布高度集中的情况下，这种估计是精确的，这正是多数任务所期望的特性。

输入大小为 $n\times n$ 的概率密度函数 $P(i,j)$，其中 i 和 j 是 $[0,n-1]$ 中的整数。为了方便起见定义了从 i 或 j 到 $[0,2\pi]$ 中的角度的映射以及与 i 和 j 相关的 P 的边缘分布：

$$\theta(i)=\frac{2\pi i}{n},\quad P_i(i)=\sum_j P(i,j),\quad P_j(j)=\sum_i P(i,j) \tag{7-37}$$

还定义了角度的正弦和余弦的边缘期望：

$$y_i=\sum_i P_i(i)\sin(\theta(i)),\quad x_i=\sum_i P_i(i)\cos(\theta(i)) \tag{7-38}$$

其中 x_j 和 y_j 的定义相似。

估计来自直方图的 BVM 的均值 μ 只需要计算 i 和 j 的圆形均值：

$$\mu=\begin{bmatrix}u_{lo}\\v_{lo}\end{bmatrix}+h\begin{bmatrix}\operatorname{mod}\left(\frac{n}{2\pi}\operatorname{atan2}(y_i,x_i),n\right)\\\operatorname{mod}\left(\frac{n}{2\pi}\operatorname{atan2}(y_j,x_j),n\right)\end{bmatrix} \tag{7-39}$$

式(7-39)包含了灰光去混叠，在拟合后也可以对 μ 应用灰度世界去混叠。

通过对直方图坐标进行“解包”，可以适应模型的协方差相对于估计的均值。这些解包后的坐标 (i,j) 可以被视为适配一个双变量高斯分布的数据点。定义解包坐标的方式是为了确保环面上的“环绕”点与估计的均值保持尽可能的距离，换句话说，是为了确保解包后的坐标与均值尽可能地靠近。

$$\begin{cases}\bar{i}=\max\left(i-\left[\frac{\mu_u-u_{lo}}{h}\right]+\frac{n}{2},n\right)\\\bar{j}=\operatorname{mod}\left(j-\left[\frac{\mu_v-v_{lo}}{h}\right]+\frac{n}{2},n\right)\end{cases} \tag{7-40}$$

估计的协方差矩阵仅仅是 $P(\bar{i},\bar{j})$ 的样本协方差：

$$E[\bar{i}]=\sum_i P_i(i)\bar{i},\quad E[\bar{j}]=\sum_j P_j(j)\bar{j} \tag{7-41}$$

$$\boldsymbol{\Sigma}=h^2\begin{bmatrix}\epsilon+\sum_i P_i(i)\bar{i}^2-E[\bar{i}]^2 & \sum_{i,j}P(i,j)\bar{i}\bar{j}-E[\bar{i}]E[\bar{j}]\\\sum_{i,j}P(i,j)\bar{i}\bar{j}-E[\bar{i}]E[\bar{j}] & \epsilon+\sum_j P_j(j)\bar{j}^2-E[\bar{j}]^2\end{bmatrix} \tag{7-42}$$

通过在对角线上添加一个常数 $\epsilon=1$ 来轻微地正则化样本的协方差矩阵。

使用估计的均值和协方差，我们可以计算损失：相对于真实的光源 L^* 的高斯负对数似然（忽略尺度因子和常数）。

$$f(\mu,\boldsymbol{\Sigma})=\log|\boldsymbol{\Sigma}|+\left(\begin{bmatrix}L_u^*\\L_v^*\end{bmatrix}-\mu\right)^{\mathrm{T}}\boldsymbol{\Sigma}^{-1}\left(\begin{bmatrix}L_u^*\\L_v^*\end{bmatrix}-\mu\right) \tag{7-43}$$

利用此损失函数，模型能够生成光源的完整后验分布，具有良好的校准性，而不只是一个单独的估计值。在处理视频序列时，这种后验分布具有很高的应用价值，并通过 Σ 的熵，可以为预测增添置信度估计。

以上描述的系统（计算每个像素的对数色度的周期性直方图、施加学习到的 FFT 卷积、实施 softmax，以及拟合去混叠的双变量 von Mises 分布）虽然有效，但其性能仍可提高。这种性能的不足可能源于模型处理像素时的独立性，它忽略了图像中的空间信息，并未充分考虑光照的绝对颜色。为了解决这些问题并提高性能，以下将介绍该模型的几种扩展。

在卷积色彩恒常性的研究中，类似 CCC 的模型可以扩展到一组“增强”的图像，前提是这些图像为非负且可以进行“强度缩放”。这为我们提供了在图像上应用某种滤波操作的可能性。与其从原始图像中构建单一直方图，不如从图像及其滤波版本中构建一个“组合”直方图。此外，不是仅学习和应用单一滤波器，而是学习一系列滤波器，并在卷积后进行跨通道加总。尽管在卷积色彩恒常性中使用的增强图像家族具有较高的计算开销，但为简化过程，只考虑输入图像和输入图像中的局部绝对偏差测量。

$$E(x,y,c)=\frac{1}{8}\sum_{i=-1}^{1}\sum_{j=-1}^{1}\left|I(x,y,c)-I(x+i,y+j,c)\right| \tag{7-44}$$

这两个特征似乎与卷积色彩恒定性中使用的四个特征表现相似，但计算成本更低。

与滑动窗口物体检测器通常对图像中物体的绝对位置保持不变性类似，我们的基准模型由于其卷积特性对输入图像中颜色的全局偏移也表现出不变性。这意味着基准模型无法利用关于光照的统计信息，如基于黑体辐射的模型、特定类型的灯泡特性或不同摄像头的光谱灵敏度变化。虽然 CCC 并不直接对光照进行建模，但似乎它通过金字塔卷积的边界条件间接地对光照进行了推断，从而学习到一个对绝对颜色敏感且在空间上没有明确变化的模型。由于环面没有明确的边界，我们的模型对输入的全局颜色表现出不变性，因此需要引入一个直接对光源进行推理的机制。

为此，引入每种光照的“增益”映射 $G(i,j)$ 和“偏移”映射 $B(i,j)$。在颜色 (i,j) 上，这两者结合起来为每种光照应用了一个仿射变换，与之前描述的卷积方式有所不同。其中，偏移 B 使模型偏向于某些光照而不是其他光照，而增益 G 放大了卷积在特定颜色上的贡献。

两个扩展（增强的边缘通道和一个光照增益/偏差图）使我们可以重新定义式（7-34）中的 P 为

$$P=\operatorname{softmax}\left[B+G^{\circ}\sum_k(N_k*F_k)\right] \tag{7-45}$$

其中：$\{F_k\}$是每个增强通道的直方图 N_k 学习过的滤波器集合；G 是学习过的增益映射；B 是学习过的偏差映射。在实际操作中，在训练时实际上是用 $G_{\log}$ 来参数化的，并定义 $G=\exp(G_{\log})$，这限制了 G 必须为非负值。G 和 B 以及学习的滤波器的可视化如图 7.9 所示。显示在居中的(u, v)对数色度空间中，亮度表示较大的值。学习的滤波器集中在原点附近(预测的白点)，而光照增益和偏差映射将黑体曲线和变化的摄像头灵敏度模拟为两个环绕的线段。

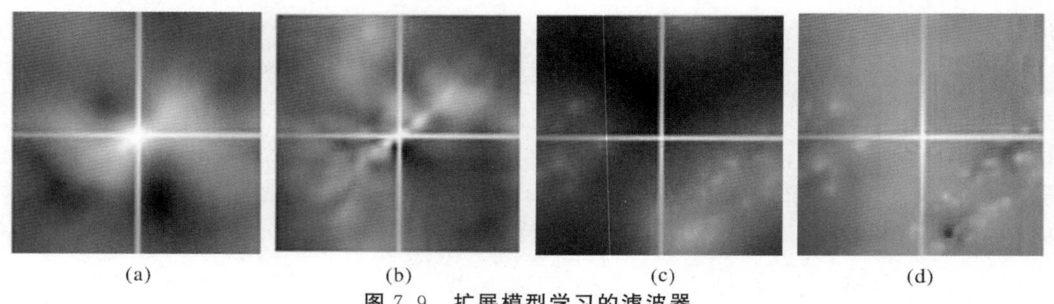

(a)　(b)　(c)　(d)

图 7.9　扩展模型学习的滤波器

(a)像素滤波器；(b)边缘滤波器；(c)光照增益；(d)光照偏差

模型所学习的权重($\{F_k\}$,G,B)呈现为周期性 $n\times n$ 的图像。为了增强其泛化能力，希望这些权重不仅小，而且平滑。这里将介绍训练过程中使用的正则化方法，并阐述如何通过这种正则化手段来预处理训练过程中的优化问题，从而更快速地找到较低代价的最优解。鉴于这种频域优化技术通常适用于与平滑和周期性图像相关的优化问题，因此将使用通用术语进行描述。

构建一个关于单个 $n\times n$ 图像 Z 的优化问题，该问题由数据项 $f(Z)$和正则化项 $g(Z)$组成：

$$Z^{*}=\operatorname{argmin}_{Z}\left[f(Z)+g(Z)\right] \tag{7-46}$$

要求正则化 $g(Z)$是 Z 与某些滤波器组的平方周期卷积的加权和。在实验中，$g(Z)$使用相邻值之间的平方差的加权和以及平方值的总和(类似于总变差损失)：

$$(Z)=\lambda_1\sum_{i,j}((Z(i,j)-Z(\operatorname{mod}(i+1,n),j))^2+ \\ (Z(i,j)-Z(i,\operatorname{mod}(j+1,n)))^2+\lambda_0\sum_{i,j}Z(i,j)^2 \tag{7-47}$$

式中：λ_1 和 λ_0 是决定每个平滑项强度的超参数。这里要求 $\lambda_0>0$，以防止在预处理过程中出现除零的问题。

使用标准 FFT$\mathcal{F}_v(\cdot)$的一个变种，它双射地从某个实数的 $n\times n$ 图像映射到一个实数的 n^2 维向量，而不是由标准 FFT 产生复数 $n\times n$ 图像。通过这个，可以按照以下方式重新构造等式：

$$\begin{cases} \boldsymbol{w}=\dfrac{1}{n}\sqrt{\lambda_1(|\mathcal{F}_v([1,-1])|^2+|\mathcal{F}_v([1;-1])|^2)+\lambda_0} \\ g(Z)=\mathcal{F}_v(Z)^{\mathrm{T}}\operatorname{diag}(\boldsymbol{w})^2\mathcal{F}_v(Z) \end{cases} \tag{7-48}$$

 其中：向量 $\boldsymbol{w}$ 仅仅是 $g(Z)$的定义和超参数 λ_1 和 λ_0 的值的某个固定函数。在 FFT

之前，$\mathcal{F}_v$ 中的 **2 - tap** 差分滤波器（[1，−1]）和 $\mathcal{F}_v$（[1，−1]）被填充到尺寸 $n \times n$。有了 w，可以定义一个从 2D 图像空间到重新缩放的 FFT 向量空间的映射：

$$\boldsymbol{z} = \boldsymbol{w} \circ \mathcal{F}_v(Z) \tag{7-49}$$

其中：∘是逐元素的乘积。这种映射使我们能够将等式（7 - 46）中的优化问题重写为：

$$Z^* = \mathcal{F}_v^{-1}\left(\frac{1}{\boldsymbol{w}}\left(\mathrm{argmin}_z\left(f\left(\mathcal{F}_v^{-1}\left(\frac{\boldsymbol{z}}{\boldsymbol{w}}\right)\right) + \|\boldsymbol{z}\|^2\right)\right)\right) \tag{7-50}$$

其中，$\mathcal{F}_v^{-1}$ 是 $\mathcal{F}_v(\cdot)$ 的逆。这种重新参数化将 Z 的复杂正则化简化为 z 的简单 L2 正则化。

在训练阶段，使用这种技术重新参数化所有的数据，（$\{F_k\}$，G，B）为重新缩放的 FFT 向量，每个都有它们自己的 λ_0 和 λ_1 值。这里的预处理频域优化在频域的非预处理优化或时域的优化中实现了更快的速率，并产生了更低的损失。训练如下：所有模型参数都初始化为 0，然后有一个凸预训练步骤，该步骤优化式（7 - 50），其中 $f(\cdot)$ 是一个逻辑损失使用 LBFGS 进行 16 次迭代，然后我们优化式（7 - 50），其中 $f(\cdot)$ 是式（7 - 43）中的非凸 BVM 损失，使用 LBFGS 进行 64 次迭代。图 7.10 展示了两个训练阶段中的损失，分别对时域优化、非预处理的频域优化和本算法的优化进行对比，从图中可以看出处理重构有较为显著的加速，并找到了具有最低的损失。

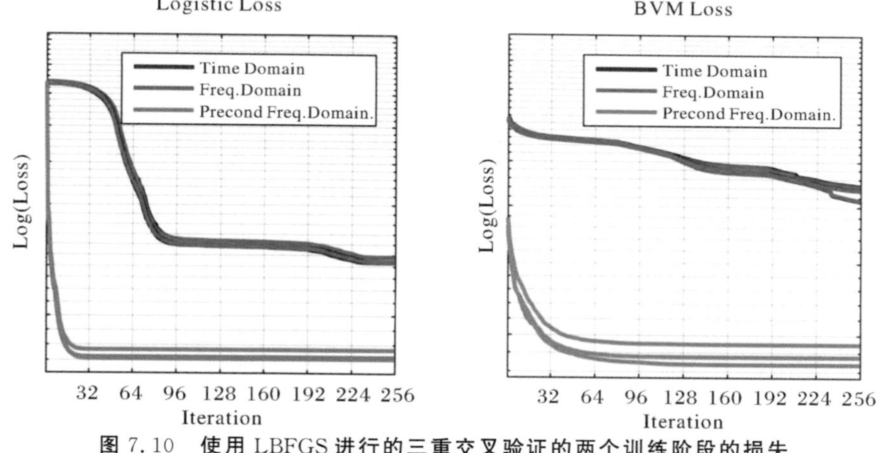

图 7.10 使用 LBFGS 进行的三重交叉验证的两个训练阶段的损失

大多颜色恒常性算法主要针对单张图像设计，然而实际上的白平衡算法需在视频序列中执行。为了防止取景器中的图像不断波动，需要对预测的光源进行时间平滑处理。但这种平滑操作不宜过度，以免在快速变化的光线条件下（如开启彩色灯或摄像机迅速移至户外），取景器显示的颜色有一定延时。此外，面对多个可能的假设（如白光照亮的蓝墙与蓝光照亮的白墙），可以利用前序图像来消除一定的歧义。为满足稳定性、响应速度和鲁棒性的需求，往往需要在各方面进行权衡。

为了实现时间连续的光源估计，我们利用了每帧模型输出的概率，该模型生成了关于光源的后验分布，这被参数化为双变量高斯分布。假设我们有一些关于光源及其协方差（μ_t，Σ_t）的进行中的估计，在得到模型提供的观测均值和协方差（μ_o，Σ_o）后，我们先与一个零均值的各向同性高斯进行卷积，这代表了我们对光源可能随时间变化的先验认知。接着，通过将这个“模糊的”高斯与观测高斯相乘，来更新我们的估计：

$$\boldsymbol{\Sigma}_{t+1}=\left(\left(\boldsymbol{\Sigma}_t+\begin{bmatrix}\alpha & 0\\0 & \alpha\end{bmatrix}\right)^{-1}+\boldsymbol{\Sigma}_o\right)^{-1} \tag{7-51}$$

$$\mu_{t+1}=\boldsymbol{\Sigma}_{t+1}\left(\left(\boldsymbol{\Sigma}_t+\begin{bmatrix}\alpha & 0\\0 & \alpha\end{bmatrix}\right)^{-1}\mu_t+\boldsymbol{\Sigma}_o\mu_o\right)^{-1} \tag{7-52}$$

其中，α 是一个参数，描述了随时间变化的光源的预期方差。此更新方法与卡尔曼滤波器有相似之处，但其转移模型更为简化，不包含控制模型，且观测噪声是动态的。

本节详细介绍了 FFCC 颜色恒常性算法，在对 CCC 算法改进的基础上提高了准确性和效率。其速度、准确性和时间一致性使其可以用于消费者相机的实时白平衡。

7.5 一种基于假设选择网络的颜色恒常性(DS-Net)

颜色恒常性计算旨在从观察到的颜色中还原在标准光照(如白光)下的物体表面颜色。为达到这个目的，常常需要估计场景的光照情况，进而修正由此产生的颜色偏差。这个照明估计过程可以被视为一个在假设空间中进行搜索的过程，寻找最佳的照明。由于图像中的照明和物体表面颜色都是不明确的，所以估计准确的照明条件成为了一个巨大的挑战。特别是当场景中物体表面的反射特性和纹理带来的复杂影响导致结果存在模糊性时，确定合适的照明假设变得尤为困难。传统的方法虽然取得了一些进展，但仍然存在诸多限制，尤其在处理复杂和动态的光照条件时。然而，随着深度学习技术的飞速发展，为颜色恒定性问题带来了前所未有的解决方案和机遇。一些研究方法已经开始借助卷积神经网络的强大建模能力来解决这一难题。

为了应对这种模糊性和不确定性，只在有限训练样本的情境下，设计一个能够覆盖广泛、多样化假设空间的模型是非常具有挑战性的。因此，需要一个更为灵活的模型设计。最早的基于深度学习的颜色恒常性方法核心策略是构建多层的神经网络结构，使其能够提取越来越高级的特征，以重建更接近真实情境的图像。本节将介绍一个新的深度学习网络模型，这是发表在 ECCV2016 上的算法。从相似的原则出发，在网络设计中引入了新的考虑因素，以解决照明估计的问题。所设计的网络定义为 DS-Net[71]，该网络由两个紧密耦合的子网络组成。

(1)假设网络 (HypNet)。这是一个独特的子网络设计，它将图像区域映射为多个可能的光照假设，而其他网络基本都采用单一预测策略。HypNet 的架构采用了从主 CNN 分出的双分支设计，使得对单一图像区域的光照估计能够产生两个有竞争力的假设。在训练过程中，每个分支采用“胜者通吃”的策略，使其能够自动适应处理具有特定特性的区域。例如，第一个分支被优化为对非阴影区域和亮部(如天空)产生更为精准的照明估计，而第二分支则更擅长处理有阴影和复杂纹理的区域，如建筑物和树木，如图 7.11 所示。

(2)选择网络（SelNet）。这个子网络的核心功能是对 HypNet 产生的各种假设进行评估和选择。SelNet 不仅仅评估一个图像区域，而且生成一个分数向量，这个向量决定了从 HypNet 的哪一个分支中选取最终的光照假设。可以将 SelNet 视为一个决策器，其专门任务是判断在给定的局部图像区域统计中，哪一种光照假设更为合适或有可能。实验证明，与简单的假设平均值相比，SelNet 所产生的预测结果更为准确和稳定。两个子网络的整合架构和工作流程如图 7.12 所示。

这种双网络结构的设计，通过精确地模拟和选择照明假设，旨在提高色彩恒定性估计的准确性和稳健性，同时考虑到图像中的多样性和局部特性。

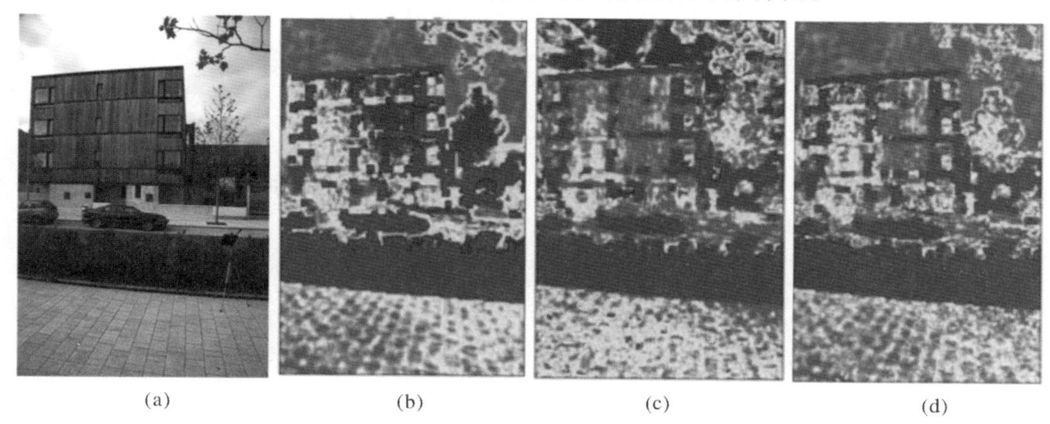

图 7.11　DS-Net 估计光照示例

(b)(c)是两个分支的估计光照；(d)是最终光照误差

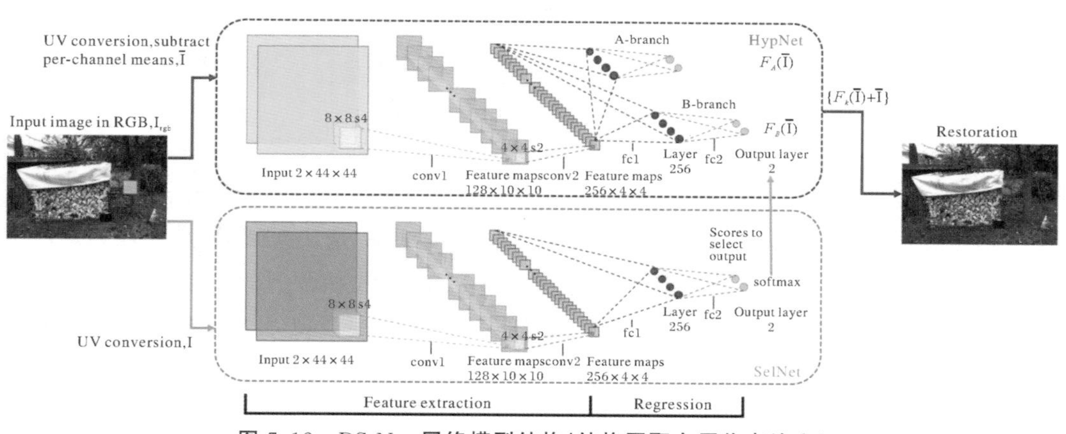

图 7.12　DS-Net 网络模型结构(结构图取自原作者论文)

当给定一幅偏色的图像，如何通过卷积网络估计光照？

考虑一个来自线性 RGB 颜色相机的图像 $I_{rgb}=\{I_r, I_g, I_b\}$，该相机已经进行了黑电平校正并移除了饱和像素。对于像素 x 上的 Lambertian 表面，其 I_c 的值等于光源

光谱功率分布 $E(x,\lambda)$、表面反射率 $R(x,\lambda)$ 和传感器响应函数 $S_c(\lambda)$ 的乘积的积分：

$$I_c(x)=\int_{\Omega}E(x,\lambda)R(x,\lambda)S_c(\lambda)\mathrm{d}\lambda,\quad c\in\{r,g,b\} \tag{7-53}$$

式中：λ 是波长；Ω 是可见光谱。根据 Von Kries 系数定律，给出一个简化的对角模型：

$$I_c=E_cR_c,\quad c\in\{r,g,b\} \tag{7-54}$$

式中：E_c 是 RGB 光照；R_c 是在规范（通常是白色）光照下的反射率的 RGB 值。按照这个被广泛使用的模型，颜色恒常性的目标是从 I 估计 E，然后计算 $R_c=I_c/E_c$。

根据 7.4 节中的内容，在 UV 色度空间中处理图像。首先将 I 的 RGB 通道转换为以下定义的对数色度空间 (I_u, I_v)：

$$I_u=\log(I_r/I_g),\quad I_v=\log(I_b/I_g) \tag{7-55}$$

并在该空间内估计光照：

$$E_u=\log(E_r/E_g),\quad E_v=\log(E_b/E_g) \tag{7-56}$$

估计到光照后，可以通过以下公式从 UV 空间将光照恢复到 RGB 空间：

$$\begin{cases}E_r=\dfrac{\exp(-E_u)}{z},\quad E_g=\dfrac{1}{z},\quad E_b=\dfrac{\exp(-E_v)}{z}\\ z=\sqrt{\exp(-E_u)^2+\exp(-E_v)^2+1}\end{cases} \tag{7-57}$$

假设网络（HypNet）经过训练，能够针对给定的图像区域，估计该区域块的多个光照假设。该网络由两个部分组成，网络结构如图 7.12 所示：

1）特征提取。从 UV 图像区域中提取颜色和空间特征。

2）回归。根据第 1）步提取的特征估计光照。

（1）特征提取。之前的色彩恒常性方法考虑了颜色和空间信息，例如 RGB 的平均值、边缘的颜色、颜色距等。根据之前文献，本算法模型同时考虑了颜色和空间特征。这些特征可以通过将图像与一组滤波器进行卷积来获得。在网络的训练过程中学习这些滤波器。具体来说，使用两个卷积层并在它们的输出后使用 Relu 函数进行非线性化。

（2）回归。在回归的过程中，一个常见的策略是在卷积层输出的特征上堆叠若干个全连接层。然而，在实际应用中，发现对于某些特定类型的图像片段，模型的估计表现并不尽如人意。尽管尝试调整全连接层的数量和配置，性能仍未显著提高。我们推测，这种挑战的根源可能在于光照假设问题的高度复杂性，使得模型在处理这一空间时遇到了困难。

提高深度学习模型的性能的一个有效策略是采用神经网络集成，在预测时整合多个模型的力量。已有大量证据显示，集成的模型往往比单一模型具有更高的性能，这种趋势已经成为规律而非偶然。这种观点在众多的深度学习研究中都得到了验证。如 DeepID2 网络在人脸验证任务上集成了 25 个模型。广泛的共识是，集成方法的准确性通常远超其组成的单一网络。

我们致力于构建一个能够涵盖广泛且多样假设空间以优化性能的神经网络。考虑到这个目标，集成网络技术为我们提供了一个有效的途径。针对此，我们设计了一个特殊的分支级集成策略。与传统的集成方法(即训练多个独立的网络并结合它们)不同，我们的策略是在最后一个卷积层后将网络拆分为两个完全连接的子分支：A 分支和 B 分支。这两个子分支的映射函数分别记为 $F_A(\cdot)$ 和 $F_B(\cdot)$。这种设计思路意味着，两个分支组合起来实际上形成了一个集成。

这种结构设计具有显著的计算优势，因为两个分支共享了相同的特征提取层，从而节省了大量的计算资源。虽然这两个分支都获取自相同的低级卷积层的输入，但它们各自拥有独立的参数，且彼此之间没有交互。更为关键的是，当采用“胜者通吃”策略进行训练时，这两个分支可以各自专注于不同的假设空间，从而确保网络为每个图像区域提供两种独特的光照假设。

为了进行最后的回归决策，分别对 A 和 B 分支给出两个得分，记为 $s=(s_A, s_B)$，得分较高的分支被选为输出，即得分作为判断依据来确定哪个输出可用。

(3)数据预处理。从每个通道中减去该区域的每通道平均值，最后将这些平均值加到输出上。具体来说，两个通道输入表示为$\bar{\boldsymbol{I}}=(I_u-\bar{I}_u, I_v-\bar{I}_v)$，其中$(\bar{I}_u, \bar{I}_v)$是每通道的平均值。A 分支的输出是 $F_A(\bar{\boldsymbol{I}})=(\tilde{E}_u-\bar{I}_u, \tilde{E}_v-\bar{I}_v)_A$，B 分支的输出是 $F_B(\bar{\boldsymbol{I}})=(\tilde{E}_u-\bar{I}_u, \tilde{E}_v-\bar{I}_v)_B$，其中$\tilde{\boldsymbol{E}}=(\tilde{E}_u, \tilde{E}_v)=F(\bar{\boldsymbol{I}})+(\bar{I}_u, \bar{I}_v)$是最终估计的光照。这种预处理是深度学习网络常用的预处理方法，这也使得我们的模型对各种光照的性能保持稳定。

(4)HypNet 学习。在训练阶段，从图像中提取出一个区块并输入到 HypNet 中以得到两个假设结果，同时从数据集中获取到该区域块的真实光照。然后，对于假设更接近真值的那个分支，其得分(s_A, s_B)被设为 1，而另一个分支的得分设为 0。我们称这些获得的得分为真值得分，它们将用于 SelNet 的训练。给定一组表示为$\{\bar{I}\}$的区块和它们相应的光照真值$\{E^*\}$，使用欧式距离损失作为损失函数来优化 HypNet。具体来说，对于每一个第 i 个区域块，损失为

$$L_i(\Theta)=\min_{k\in\{A,B\}}(||\tilde{\boldsymbol{E}}_i-\boldsymbol{E}_i^*||_2^2)_k \tag{7-58}$$

式中：Θ 代表了卷积层和全连接层的参数。通过反向传播使用随机梯度下降法来最小化这个损失。

在“胜者通吃”的学习策略中，仅有表现最佳的那个分支得到优化，而另一个分支的前向传播和反向传播则被暂停。这样的策略保证了至少有一个分支能够给出较为精确的预测，同时两个分支能够各具特色，共同拓展假设空间的边界。

在最终的测试阶段，分数是由另一个网络 SelNet 获得的。接下来将介绍 SelNet 网络。

SelNet 选择网络：

选择网络(SelNet)的主要任务是为 HypNet 的每个分支输出的假设评分 $s=(s_A, s_B)$，

这些评分反映了针对给定输入区域的置信度。SelNet 采用与 HypNet 相似的两阶段结构。与 HypNet 不同的是，SelNet 的输出是一组评分，而非具体的光照估计。为了确保评分可以表示为置信度，对输出使用了 softmax 函数。在最佳情况下，SelNet 会为与实际光照情况更加接近的 HypNet 分支赋予更高的评分。

(1)数据预处理。在 SelNet 的设计中，经过实验，预处理过程可能削弱或丢失对评估模型置信度至关重要的一些细节，如局部对比度。为了确保能够充分利用原始数据中的所有信息，直接采用了 UV 空间的未处理图像区域作为输入。这种方法意在为网络提供更丰富的上下文，以得出更准确的评估。

(2)SelNet 学习。在训练阶段，从图像中随机提取图像区域，并获取其对应的真实光照值。同时，HypNet 为此区块提供两个光照假设和相应的真实评分。之后，这些输入数据被整合并输入到 SelNet 中，获得输出分数。这些输出分数与真实评分对比，作为模型的训练标签。为了优化 SelNet，采用了多项逻辑损失函数。而在测试阶段，根据 SelNet 的输出分数，从 HypNet 的两个分支中选择一个作为最终的光照估计结果。

通过将 HypNet 和 SelNet 相结合，DS-Net 能够为图像的各个局部区域预测光照情况。对于整体图像的全局光照估计，可以考虑采用一个独立的支持向量回归模型来将各个局部的光照估计整合为一个全局的估计值。然而，实际操作中，我们发现只需对图像中所有局部的光照估计进行中位数池化，即可得到优质的全局估计，无须进行额外的模型训练。

图 7.13　DS-Net 校正图像的结果

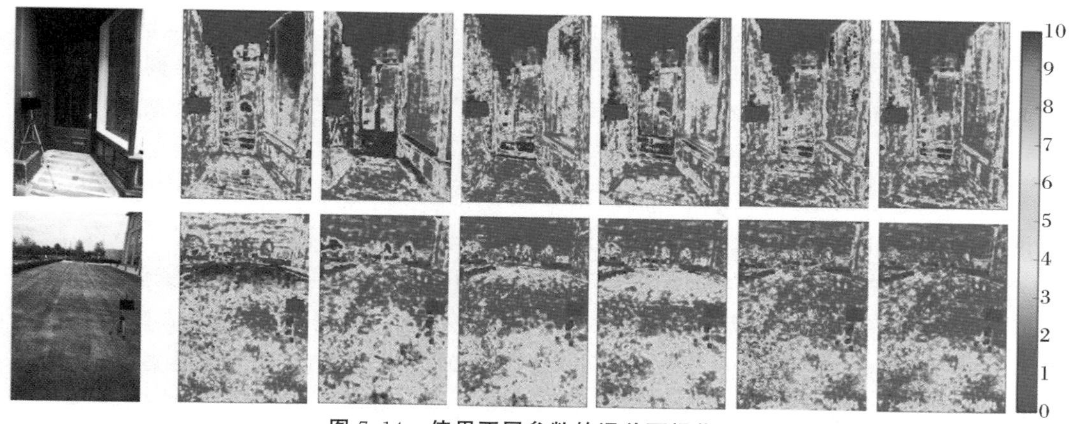

图 7.14 使用不同参数的误差可视化图

图 7.13 展示了使用 DS-Net 网络进行图像校正的效果，从图像中来看，网络模型可以较为准确地得到真实的光照颜色。

图 7.14 从左到右分别表示使用 A 分支、B 分支、单一分支训练、DS-Net（全局平均），以及使用人工选取光照时逐像素光照误差。图中颜色越深误差越大。从图中看最后两幅图的误差最小，采用多分支选择网络结构可以提高一定的准确性。

在本节中，讲解了一种创新的"分支级集成"策略。利用所设计的"胜者通吃"学习机制，该机制鼓励多样性，我们注意到 HypNet 的两个分支可以自适应地对特定区域进行光照估计。结合 SelNet 的筛选能力，该算法表现出较好的效果。在未来，可以探索更加高效的选择机制，以便整合更大的模型集成。同时，这种分支集成网络在更高级视觉任务中的效果也是一个引人关注的研究方向，可以为其他任务提供新的方法。

7.6 带有置信度加权池化的全卷积颜色恒常性（FC^4）

颜色恒常性计算长久以来都是图像领域的一个核心问题，其核心目标在于消除图像中由于光照引起的色偏。这一问题的解决对于众多应用至关重要，尤其是那些以颜色作为关键特征进行物体区分的视觉识别任务。尽管人们对色彩恒定性的精确性有着高要求，但由于问题的本质复杂性，传统方法往往难以满足这些要求。

近年来，卷积神经网络（CNN）的飞速发展为解决这一问题带来了前所未有的机会。利用 CNN，研究者可以从大规模的训练数据集中学习颜色恒常性模型，这些数据集主要包括照片及其相关的光照颜色标签。

然而大多网络模型采用图像的局部区域作为输入，如 7.4 节所述，它们通过深度学习对这些局部区域进行分析，从而产生局部图像光照的估计。这些局部的估计值随后被融合，生成一个全局的颜色校正输出，这大大优化了颜色校正的精度与一致性。然而，采用基于区域的 CNN 来处理这个问题时，可能会遇到估计模糊性的难题。某些图像区域可能只包含有限的信息，这些信息不足以确定一个唯一或范围有限的可能光照颜色。

图像区域中的估计模糊性不仅经常在图像中出现，而且这种模糊性也严重影响了网络的训练和推理效果。为了解决这一问题，本节介绍一种全卷积网络结构，该结构允许为图像中的各个区域分配根据其对色彩恒定性估计的贡献度而变化的置信度权重。这些权重在一个新型的池化层中被学习并使用，使得多个局部估计能够融合为一个全局结果。通过这种设计，网络可以自动确定从色彩恒定性数据集中"哪些部分更重要"以及"如何合并它们"，而不需要额外的手动指导。该结构支持端到端的训练，相比基于图像区域的方法，有着较高的运行效率和预测准确性。

图像区域在进行色彩恒定性的估计时常面临歧义，如图 7.15 所示。一个小区域可能没有足够的语义信息来判定它的光照或反射颜色。例如，对于一个可能呈现任何颜色的物体(如被粉刷的墙壁)，其在图像中的外观可以由多种光照情境解释。相反地，如果区域中包含了特定的物体(如香蕉、苹果)，它会为颜色恒常性估计提供更多的线索。目前的大多基于图像块的算法都将这些区域平等对待，而某些区域对估计的贡献实际上是微乎其微或甚至是误导性的，从而为 CNN 的训练和推断带来噪声。

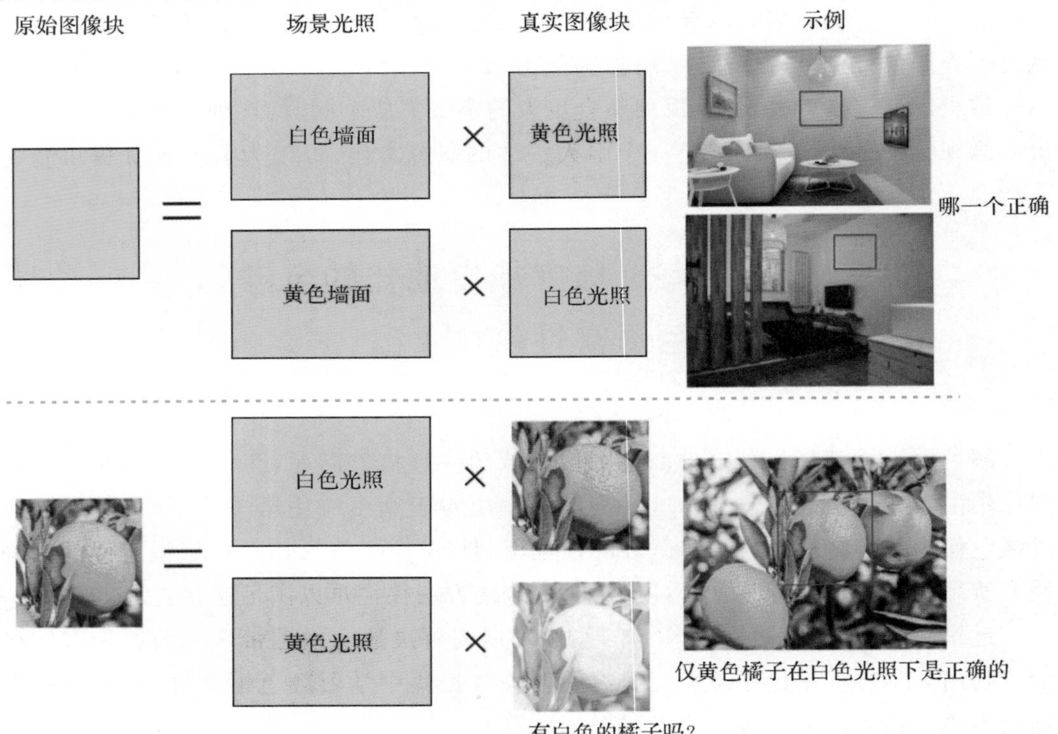

图 7.15　使用图像区域产生的歧义

对于这一问题，引入了一个全卷积网络模型 FC4[72]。在这个模型中，每个输入图像的区域对色彩恒定性的估计贡献是动态变化的，这取决于一个评估该区域对光照推断重要性的置信度权重。这些权重在新设计的池化层中应用，以产生全局的色彩恒定性结果。网络在训练时考虑到了区域的关联性，可以更精确地从数据集中判定图像哪些部分是对估计最具信息量的，并将这些信息整合到最终结果中。

这种设计方式不仅有效地在训练和评估过程中过滤出有价值的信息和噪声，还具有其他优点，如支持端到端的训练、能处理任意大小的图像和具有更快的计算速度。经过实验验证，该方法在光照估计误差方面更为稳定。

为了实现这一算法，与上一节相同，首先需要对问题进行数学描述。

1. 问题描述

给定一个 RGB 图像 I，我们的目标是估计其全局光照颜色 $\boldsymbol{p}_g=(r, g, b)$，以便从图像中去除其色偏，通过用规范的光源颜色［通常是纯白色，分量为$\left(\frac{1}{\sqrt{3}},\frac{1}{\sqrt{3}},\frac{1}{\sqrt{3}}\right)^{\mathrm{T}}$］替换归一化的光照颜色 $\hat{\boldsymbol{p}}_g=\frac{\boldsymbol{p}_g}{\|\boldsymbol{p}_g\|_2}$。虽然一个场景中可能有多个光源，但与之前算法中的描述相同，本算法中，假设仅存在单一光源。

2. 方法概述

本方法是寻找一个函数 f_θ，使得 $f_\theta(I)=\hat{\boldsymbol{p}}_g$ 尽可能接近真实光照值。在深度学习的背景下，f_θ 通常被表示为一个由 θ 参数化的卷积神经网络。用$\hat{\boldsymbol{p}}_g^*$ 表示归一化的真实光照颜色。然后，通过最小化损失函数来学习 f_θ，该损失函数定义为其估计的$\hat{\boldsymbol{p}}_g$ 与真实值$\hat{\boldsymbol{p}}_g^*$ 之间的角度误差。

$$L(\hat{\boldsymbol{p}}_g)=\frac{180}{\pi}\arccos(\hat{\boldsymbol{p}}_g \cdot \hat{\boldsymbol{p}}_g^*) \tag{7-59}$$

正如之前讨论的，理想的色彩恒定性函数 f_θ 应该奖励所有在语义上有信息量的区域，同时惩罚含糊不清的区域的负面影响。因此，必须做到以下两点：

(1)找到一种方法为图像 I 中的每一个局部区域输出估计值。

(2)以一种自适应的方式将这些局部估计值汇总成一个全局估计值。

假设 $R=\{R_1, R_2,\cdots,R_n\}$是图像 I 中的一组重叠的局部区域，并且函数 $g(R_i)$为 R_i 输出区域光色估计值。那么，为了让 f_θ 能够有效地汇总所有的 $g(R_i)$以产生最终的结果，我们定义了如下公式：

$$f_\theta(I)=\hat{\boldsymbol{p}}_g=\mathrm{normalize}\left(\sum_{i\in\mathbf{R}}c(R_i)g(R_i)\right) \tag{7-60}$$

式中：$c(R_i)$是一个权重函数，代表 R_i 的置信度值。直观地说，如果 R_i 包含有用的语义上下文，以估计光照的局部区域，那么 $c(R_i)$应该较大，如果 R_i 包含了歧义信息，则 $c(R_i)$应该较小。

算法设计了一个端到端的深度学习系统，该系统能够自适应地将 g 和 c 两种参数同时嵌入到函数 f 中，尽管在训练过程中并未对 g 和 c 进行显式的监督。该算法期望的目标是，该网络能自动学会如何有效地融合各个局部区域的信息，通过对应的 g 和 c 参数调整权重，以便减少歧义区域的贡献。为了实现这一目标，引入了一个结合完全卷积网络(FCN)和特别为色彩恒定性设计的加权池化层的创新架构。图 7.16 为网络详细结构图。

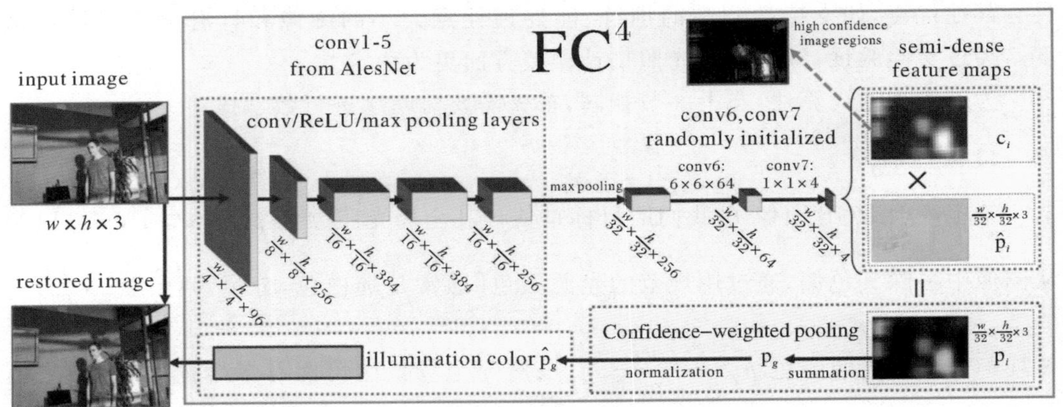

图 7.16　本书算法网络结构(结构图来自原作者论文)

观察到中等层次的语义信息为光照估计提供了更多的知识，从图像 I 中提取中等大小的窗口区域 $R=\{R_i\}$，作为图像的一个子集。每个区域的估计由函数 $\hat{\boldsymbol{p}}_g$ 表示。与大多基于区域的方法不同，其中一些方法独立处理图像中的每个 R_i 并使用 CNN 学习参数 g，本模型选择在同一图像中同时考虑所有的局部区域块。这样做的目的是更好地探索在估计全局光照颜色时各局部块的相对重要性。因此，对于给定的图像，算法的目标是同时确定所有局部估计。一个完全卷积的网络可以有效地通过共享所有的卷积计算来实现这一目标，从而同时预测所有的空间局部估计。此外，由于 FCN 能够处理任意大小的输入，它避免了调整尺寸后的 CNN 方法可能导致的语义信息损失。

如图 7.16 所示，该算法使用了一个完全卷积网络结构。为了从每个块中提取语义特征，首先采用了在 ImageNet 上预训练过的 AlexNet 的前几层，直至 conv5 层。接下来，增加了一个相对较大的 conv6 层(6×6×64)以及一个用于降维的 conv7 层(1×1×4)。这些生成的特征图随后被传递到一个加权池化层中，实现从局部到全局的特征聚合，最终产生色彩恒定性的估计结果。

在得到的四个特征图中，强制设置前三个通道表示从每个相应区域块估计的光照颜色三元组 $\hat{\boldsymbol{p}}_i=g(R_i)$，而最后一个则表示其置信度 $c_i=c_i(R_i)$ 对于最终的全局估计的贡献。这四个通道通过增加 ReLU 层以避免负值，最后估计的光照的 RGB 颜色按像素进行 L2 标准化。我们定义加权估计 $\boldsymbol{p}_i$ 为 $c_i\hat{\boldsymbol{p}}_i$。

从理论上，网络模型可以考虑使用比 AlexNet 更浅或更深的网络结构，如 VGG-16，来处理色彩恒定性问题。但此问题的特殊性质导致了两个关键的考虑因素：①网络需要能够提取足够的语义信息，以识别那些在光照估计中可能产生歧义的区域（如没有纹理的墙面）；②不像传统的图像分类任务，网络应该对不同的光照颜色保持敏感，而不是不变。

这两个要求似乎是相互矛盾的，因为为图像分类任务优化的网络一般会在特征提取中消除光照的影响，使得分类对象不受光照条件的干扰。然而，对于本算法的任务，光照是一个关键因素。

为了在这两个属性之间找到平衡，本算法的作者探索了多种网络配置。测试了一个精简版本的 AlexNet，去除了 conv4 和/或 conv5 层，但发现这样做降低了其性能，可能是因为这削弱了网络的语义特征提取能力。同时还尝试了不同大小的内核尺寸，如 1×1、3×3 和 10×10，但是 6×6，也就是 AlexNet 的原始输出尺寸，展现出了最佳的表现。为了优化模型的计算效率和大小，也考虑了 SqueezeNet 网络结构，同样得到了较好的效果。

本算法和其他颜色恒常性算法相同，假设场景中只有一种均匀的光照，因此在得到了局部光照图以及区域置信度后，需要将其通过算法转换到全局光照。算法中设计了一个基于置信度的池化层来完成此任务。

3. 基于置信度的池化层

正如之前提到的，根据其语义内容，不同的局部区域在光照估计中的贡献可能会有所差异。为了对这些区域进行区分，设计了一个函数 $c(R_i)$ 来输出每个区域估计的置信度得分。虽然完全有可能将这个函数设计为一个起始于 conv5 或更早层级的单独的完全卷积分支，但将其与每个局部光照估计的三个颜色通道联合，作为一个第四通道是更为直观和简洁的方法。这种设计方式允许我们通过对所有局部估计进行加权平均池化来轻松地得出最终结果。其数学定义如式(7-61)和式(7-62)。

采用平均池化的基于区域的训练实际上可以被看作是网络的一个特例，其中每个补丁的权重都设置为 1。在本算法框架中，得益于 FCN 的设计，同一图像中的所有区域共享卷积计算。相比之下，在传统的基于区域的 CNN 中，每个区域都独立地经过完整的网络流程。

虽然还有其他的池化策略，如全连接池化或最大池化，但它们或者缺乏对不同图像大小的适应性，或者在颜色恒定性估计任务中效果不佳。

4. 数学分析

在这里，通过深入的数学分析将探讨学习置信度的来源。在反向传播过程中，该池化层作为一个“梯度分发器”来操作，依据各自的置信度将梯度有效地分配并反向传播到各个局部区域。通过对损失函数关于局部估计 $\hat{\boldsymbol{p}}_i$ 和置信度 $c(R_i)$（为了简化，以下简称为 c_i）进行微分，从而更仔细地分析加权池化层。加权池化定义如下：

$$\boldsymbol{p}_g = \sum_{i \in \mathbf{R}} c_i \hat{\boldsymbol{p}}_i \tag{7-61}$$

$$\hat{\boldsymbol{p}}_g = \frac{\boldsymbol{p}_g}{\| \boldsymbol{p}_g \|_2} = \frac{1}{\| \boldsymbol{p}_g \|_2} \sum_{i \in \mathbf{R}} c_i \hat{\boldsymbol{p}}_i \tag{7-62}$$

接下来，应用链式求导法则，可以得到

$$\frac{\partial L(\hat{\boldsymbol{p}}_g)}{\partial \hat{\boldsymbol{p}}_i} = \frac{c_i}{\| \boldsymbol{p}_g \|_2} \cdot \frac{\partial L(\hat{\boldsymbol{p}}_g)}{\partial \hat{\boldsymbol{p}}_g} \tag{7-63}$$

从上面可以看出，在估计值 $\hat{\boldsymbol{p}}_i$ 中，它们的梯度都具有相同的方向，但其大小不同，与置信度 c_i 成比例。因此，对于局部估计，置信度充当了监督信号，防止我们的网络学习歧义的数据。

同样，对于置信度 c_i，根据链式求导有

$$\frac{\partial L(\hat{\boldsymbol{p}}_g)}{\partial c_i} = \frac{1}{\| \boldsymbol{p}_g \|_2} \cdot \frac{\partial L(\hat{\boldsymbol{p}}_g)}{\partial \hat{\boldsymbol{p}}_g} \cdot \hat{\boldsymbol{p}}_i \tag{7-64}$$

直观来说，只要局部估计有助于全局估计更接近真实值，网络就会增加相应的置信度。否则，置信度将会减少。这正是置信度应该如何学习的方式。

5. 数据集

训练采用了两个标准数据集进行训练和测试，即 Color Checker 数据集和 NUS 8 - Camera 数据集。这些数据集分别拥有 568 张和 1 736 张原始图像。在 NUS 8 - Camera 数据集中，图像被划分为 8 个子集，每个子集大约包含 210 张图像。因此，尽管 NUS 8 - Camera 数据集的图像总数更多，但其每个单独的实验只涉及到 Color Checker 数据集大小的大约 1/3。这两个数据集的图像中都附带了一个 Macbeth Color Checker(MCC)用于记录真实的光照颜色。数据集为 MCC 提供了角点信息，通过设置相应图像区域的 RGB 值为(0, 0, 0)来屏蔽 MCC，这在训练和测试中都会采用。这两个数据集均包括不同角度的图像，而 Color Checker 数据集还有两种不同尺寸的图像，分别来自两台不同的相机。

6. 数据增强和预处理

鉴于目前颜色恒常性数据集的规模相对较小，训练过程中采取了实时数据增强策略。为了简化增强过程，对图像进行了正方形裁剪。首先随机选择一个边长，该边长为原始图像较短边的 0.1～1 倍，接着随机确定正方形的左上角位置。裁减后的图像可能会旋转一个在－30°至＋30°之间的随机角度，并有 50％的概率进行左右翻转。在训练 SqueezeNet 的过程中，对图像和其对应的真实光照的 RGB 值进行了随机缩放，范围在[0.6, 1.4]。接着，将裁剪后的图像尺寸统一调整为 512×512，并按批次输入到网络中进行训练。在测试阶段，为了提高处理效率，将图像的尺寸减少到原来的 50％。考虑到 AlexNet 和 SqueezeNet 都是在 ImageNet 上进行预训练的，而 ImageNet 上的图像都经过了伽马校正，因此也对线性 RGB 图像进行了伽马校正，使其

与 ImageNet 中的图像更为相似。

图 7.17 展示了几幅使用本算法进行光照估计及校正的示例。图中从左到右分别表示输入图像、区域置信度、估计的局部光照、带权重的局部光照、区域对光照的重要性示例以及校正后的图像(图中左半边是估计光照校正后结果,右半边是真实的光照校正的结果)。从最终校正的结果来看,本节介绍的算法能够很好地消除场景中的光照。

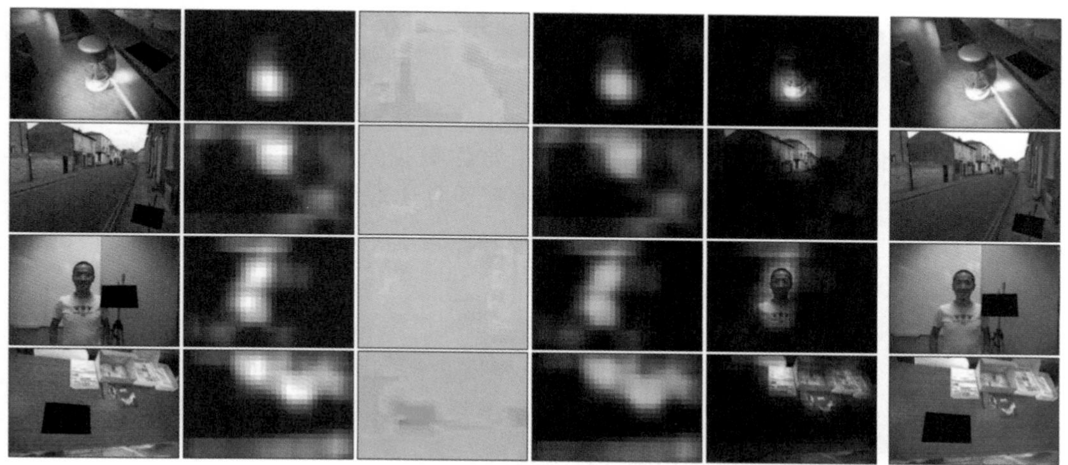

图 7.17 FC^4 光照估计及图像校正示例

本节深入探讨了如何通过区分语义明确区域和模糊语义区域来估计照明颜色的方法。在此基础上,详细讲解了一个创新的卷积神经网络架构,专为颜色恒常性而设计,使其能够识别图像中的不同区域块,并在训练和推断过程中有效利用这些信息。这种网络设计方式对于其他受到局部上下文影响的应用可能具有参考意义,如基于图像块的分类任务。未来,将这种网络策略应用于此类问题是一个非常好的研究方向。

7.7 级联卷积颜色恒常性

从物体的视觉特征推断场景光照是计算颜色恒常性中的常见策略。但由于不确定的光源、物体的各种反射属性,以及由不同的相机传感器引入的外部影像因素,这种推断仍具有挑战性。在此,我们提出了一个称为"级联卷积颜色恒常性"[73],级联卷积颜色恒常性(Cascading Convolutional Color Constancy,C^4)的创新算法,旨在增强回归学习的稳定性,并确保跨不同数据集(包括多种摄像机和场景)的鲁棒泛化。该方法利用一个权重加累积损失函数,集成了从每个级联阶段得到的一系列光照假设,从而有效地捕获各种光照模式,并有针对性地实施从粗糙到精细的网络优化过程。在公认的 Color Checker 和 NUS 8 - Camera 基准测试中,与现有的先进技术相比,我们的方法在更为复杂的场景中表现优异。

将光照从图像中估计出来可以看作是从图像特征到其对应照明标签的回归任务。但由于外观的不一致性和标签的不确定性，找出最佳的照明假设是一项复杂的任务。另外，由于不同传感器的光谱敏感性和光谱照明的影响，场景中物体的外观可能存在巨大差异。例如，在 NUS 8 - camera 数据集中，同一场景可能使用八种不同的相机进行拍摄，每种相机捕获的物体颜色在视觉上都略有不同。

因此，标准方法往往是为每种相机训练一个特定的估计器。但由于数据量和实际应用的需求，这种方法可能效率不高或不实用。很少有研究关注于在不考虑相机特性的情况下，对光照进行稳定的估计。

大多数现有算法专注于处理整体颜色的不一致性，而很少有算法关注实际应用中容易出错的假设所带来的挑战。在颜色恒常性数据集中，标签通常通过在图像中放置一个 Color Checker 进行获取，该标签被视为真实照明的代表。这种方法产生的标签与真实光照之间的差异增加了回归任务的难度，尤其是当考虑到当前广泛使用的基于图像区域的数据增强技术时。

为了解决这些问题，本节介绍一种级联卷积颜色恒常性。通过级联模型，生成了一系列光照假设，每一个都反映了不同的光照模式，并将它们综合起来，从而强制实施从粗糙到精细的光照假设优化。其网络模型结构如图 7.18 所示。该网络模型能够以从粗到细的方式显著提高光照估计的性能。

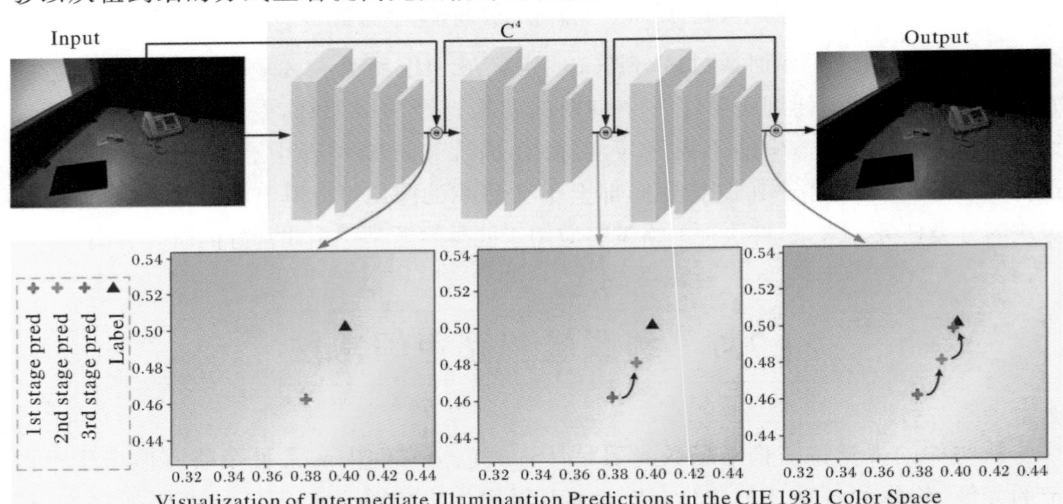

图 7.18　一种级联卷积颜色恒常性(图片来自原作者论文)

该算法模型主要有三个创新点：

(1)集成多个有依赖关系的光照假设。

(2)通过独特的乘积累积损失方法，实现对照明假设从粗略到精细的持续优化。这种策略设计得非常灵活，能够轻松融合进其他学习型的照明估计技术中，其设计灵活，便于与其他基于学习的照明估计方法整合。

(3)该算法通过在更深的网络结构中丰富抽象特征增加了模型的灵活性，还发现了假设空间中的潜在相关性，这缓解了模糊训练样本带来的问题。

现有的深度学习方法主要关注如何设计网络结构来对不一致的光照进行鲁棒的特征编码，而忽略了通过集成多个光照假设来处理模糊样本的好处。第 7.6 节中介绍的 DS-Net 包含两个特殊的分支，首先生成两个光照假设，然后自动选择更好的一个。本方法借鉴 DS-Net 的思想，其目标是利用场景光照的多个假设来实现鲁棒的颜色恒常性。但是有两个关键性的区别：第一，DS-Net 执行的是区分性选择，而与其不同，本节的网络模型采用协同学习来揭示多个光照假设之间的内在联系。第二，DS-Net 通过并行方式生成多个独立的光照假设，与之相对，本方法在其级联网络结构中采用了串行方式产生关联的假设，确保进行了由粗到精的连续优化。

首先对本方法进行数学描述。单一光照估计的问题定义是从图像 $X\in\mathbf{R}^{H\times W\times 3}$ 中预测光照向量 $y\in\mathbf{R}^3$。对于基于学习的光照估计，其目标函数可以写成如下形式：

$$\min_\theta\mathcal{L}(f^\theta(X),y) \tag{7-65}$$

式中：$f^\theta(\cdot)\in\mathbf{R}^3$ 是从图像 X 到光照向量 y 的映射；θ 表示待优化的 f 的模型参数；$\mathcal{L}(\cdot)$表示损失函数，光照估计中的典型损失是角度误差损失。在测试中，给定一个输入，经过训练的模型 $f^\theta(\cdot)$推断出预测的光照 $f^\theta(X)$，该光照用于生成颜色校正的图像。在卷积颜色恒常性的背景下，$f^\theta(\cdot)$是深度学习网络的输出，而 θ 表示网络权重。

接下来将分别介绍 C^4 网络结构、一个新的乘积累积损失、图像校正以及模型实施的细节。

1. C^4 网络结构

C^4 网络由图 7.19 所示的三个阶段组成。给定训练对$\{X,y\}_i$，$(i\in\{1,2,\cdots,N\})$，在一个级联结构中，$f^\theta(\cdot)$可以分解为 $f_l(\cdot)$，$(l=1,2,\cdots,L)$，其中 l 和 L 分别表示级联级别和级联阶段的总数，为简化起见，省略 θ。为 $f_l f_{l-1}(\tilde{X})$定义一个更简单的表示法 $f_l(X/f_{l-1}(X))$。考虑到级联结构，现在三阶段 C^4 的数学定义可以写成以下形式：

$$\min_\theta\mathcal{L}(f_3 f_2 f_1(X),y;\theta) \tag{7-66}$$

鉴于深度学习光照估计中的卓越性能，算法中选择了基于 AlexNet 和 SqueezeNet 框架的 CNN 的 FC^4(上一节中的网络模型)。具体地说，利用了在 ImageNet 上预先训练好的 AlexNet 和 SqueezeNet 的初级卷积层，并将其高层替换为两个新的卷积层。尤其是 AlexNet - FC^4 模型保留了到 conv5 层的所有层，并用带有 6×6×64 卷积滤波器的 conv6 和 conv7(1×1×4)替代了原始的全连接层。至于 SqueezeNet - FC^4 的具体网络结构，如图 7.19 所示。在这两个网络模型中，每个卷积层后都加入了一个 ReLU 激活函数，并且在最后一个卷积层前加入了 0.5 的 dropout 以增强模型的稳定性，防止梯度消失。原始模型在最后一个卷积层后使用了一个置信度加权池化层，以增强对颜色在空间区域内的一致性的鲁棒性，方法是通过降低低置信度预测的权重来实现的。本节模型采用了一种更为简洁的方法，在最后一个卷积层的输出上直接进行求和，以获得全局照明预估，如图 7.19 上方的红线部分所示。

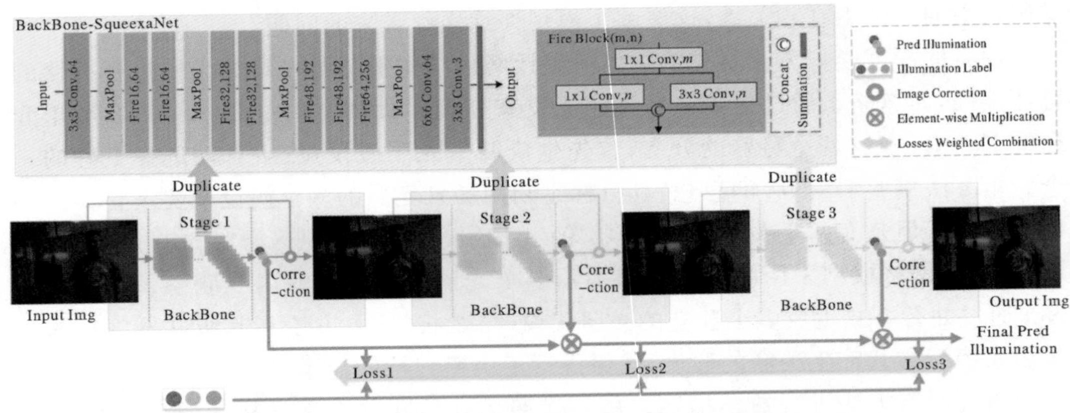

图 7.19　C[4] 网络结构(结构图来自原作者论文)

2. 一个新型的乘积累积损失

正如之前所提到的,不同级联阶段的光照预测都可以看作是对真实光照的逼近,它们分别是这个逼近过程中的不同节点。与 DS-Net 设计的通过训练另一个分支以确定最佳假设的策略不同,本节中级联网络是为了挖掘这些光照假设之间的内在联系,并明确地进行从粗略到精细的优化,以更接近真实照明条件。为了实现这一目标,训练中设计了一个组合的乘积累积损失函数,该损失函数被应用于所有的光照假设,以揭示并利用它们之间的潜在联系,从而进一步完善照明预测。其数学表述定义为

$$\mathcal{L}=\sum_{l=1}^{L}\mathcal{L}^{(l)}\left(\prod_{i=1}^{l}f_i(X_i),y\right) \tag{7-67}$$

式中:$\mathcal{L}^{(l)}$ 表示第 l 级级联阶段的损失。此外,所提出的损失可以通过对中间光照的监督来减少累积错误。同时还考虑了它的简单加权扩展:

$$\mathcal{L}=\sum_{l=1}^{L}w_l\mathcal{L}^{(l)}\left(\prod_{i=1}^{l}f_i(X_i),y\right) \tag{7-68}$$

式中:w_l 表示第 l 阶段的照明预测与真实照明 y 之间的损失权重。

对于图像中较大变化和模糊的标签,选择或整合多个光照预测被证明是非常稳定的方法。但是,理解光照假设之间的内在关联性仍是一个难题。本算法中设计的组合损失方法既简洁又高效,因为它是通过强制每个级联阶段专注于学习特定的修正策略,以降低前一阶段的不明确假设对结果的影响。

3. 图像校正

对于使用训练过的 C[4] 模型得到的偏差图像 X 的估计光照 $\hat{\mathbf{y}}=[\hat{y}_r,\hat{y}_g,\hat{y}_b]\in\mathbf{R}^3$,可以在简化的假设下恢复图像中场景物体的规范颜色,即每个 RGB 通道都可以单独进行修改。换句话说,可以获得在规范光照下的校正图像 $X\in\mathbf{R}^{H\times W\times 3}$。

4. 数据预处理及训练

在数据增强中,从原始图像中随机裁剪出边长为原始图像较短边的 [0.1, 1] 倍

的区块，然后在−30°和30°之间随机旋转这些区块。接下来，这些区块被调整为512×512像素，并且最后以0.5的概率随机地水平翻转。为了增加有限训练数据的多样性，每张图像中的照明标签都按0.6到1.4之间的三个不同随机值进行缩放，原始图像中存在的逐像素场景颜色也按随机生成的比率偏置。在训练过程中，使用Adam来优化模型参数。为了计算效率和稳定性能，首先训练一阶段的C^4模型2 000个周期，学到的网络权重被加载到三阶段C^4模型的每个级联阶段作为初始权重，以便进一步联合微调。

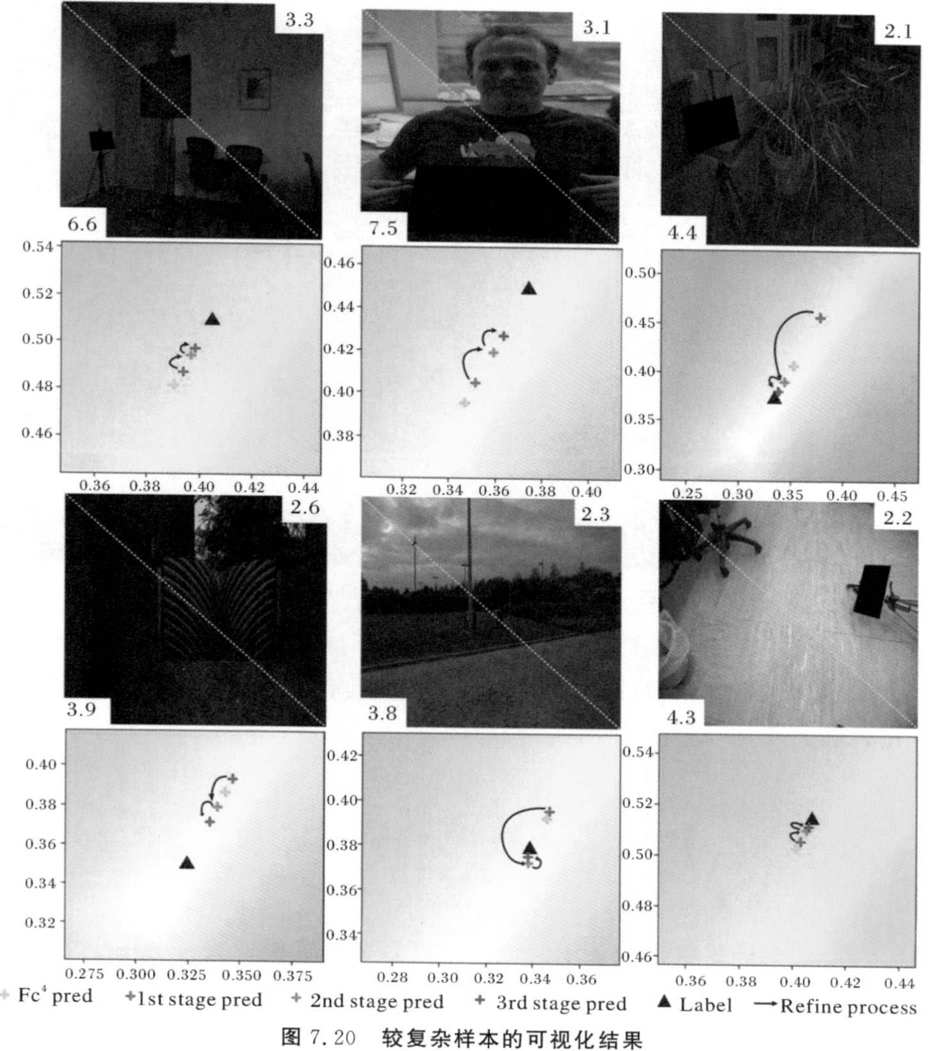

图7.20 较复杂样本的可视化结果

图7.20展示了使用C^4对较复杂样本进行校正的效果。在第1和第3行，图像的左下部分是通过本节检测的假设进行校正的，而其他部分是通过上一节的预测进行校正的。图片中白色矩形框内的数字表示光照预测和标签之间的角度误差。第2和第4行显示了估计朝向真实光照标签的轨迹。图7.21展示了一些正常图像的可

视化效果，图中从左到右分别表示：在 CIE 1931 色度图中，其中红色、绿色和蓝色的加号“+”分别代表给定输入图像 C^4 的第 1、2 和 3 阶段的光照预测，黑色三角形是相应的光照标签。最后三幅是通过 C^4 所确定的中间和最终光照假设校正的图像。从图中可以看出，使用 C^4 进行图像校正后，得到了较好的效果。

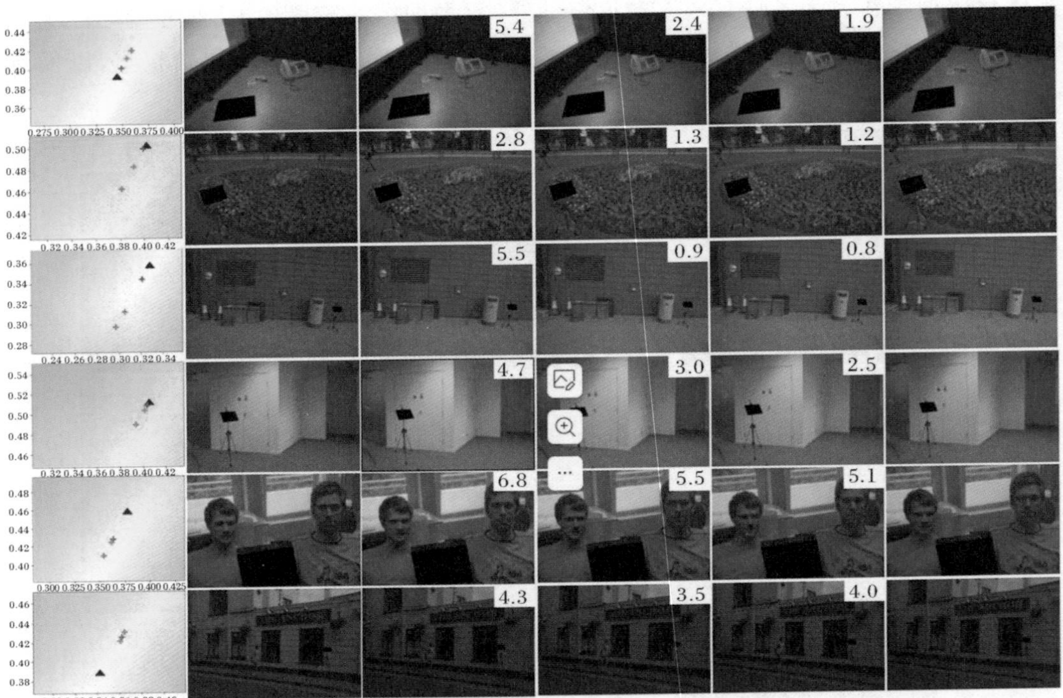

图 7.21　从 Color Checker 数据集中可视化示例

本节讲述了一个用于颜色恒常性的级联的卷积神经网络。该网络综合多个光照假设以及采用从粗略到精细的优化策略。在更加具有挑战性的样本中，该网络始终展现了出色的表现。

7.8　双摄光照预测算法

现在大多数智能手机都配备了两个甚至更多个后置摄像头——一个主摄像头用于标准成像，其他的摄像头提供广角或远摄变焦功能。

本节所介绍的算法是三星设计的一种用于手机等移动设备中作为白平衡使用的算法[74]。该算法旨在有效利用多个摄像头来设计一个小型神经网络模型来完成场景光照的预测。具体来说，如果这两个摄像头的传感器具有不同的光谱敏感性，那么这两个图像会为物理场景提供不同的光谱测量。一个线性的 3×3 颜色变换，可以在这两次观测之间进行映射——这种映射对于给定的场景光源是唯一的，可以用来训练一个轻量级的神经网络，用于预测场景光照。图 7.22 显示了双摄光照估计的原理及流程。

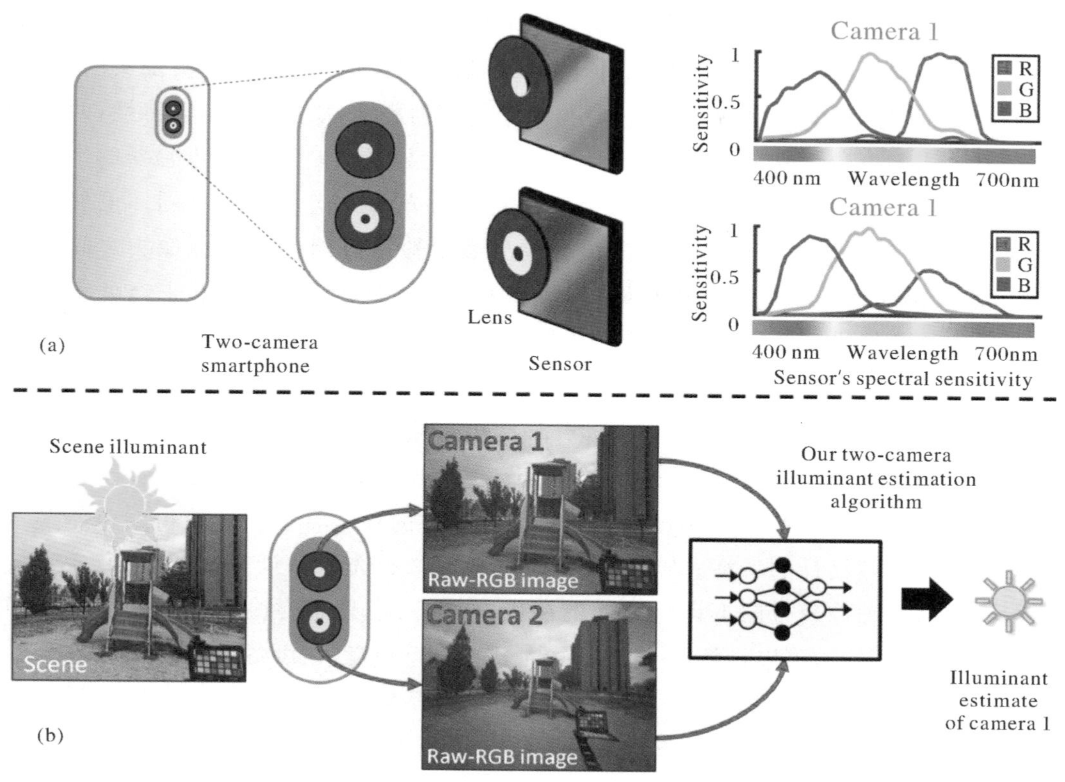

图 7.22 双摄光照估计(图像来自原作者论文)

如今，绝大部分照片都是通过智能手机摄像头拍摄的。智能手机成像系统设计的最新趋势是使用两个(或更多)后置摄像头，以克服手机紧凑形态带来的限制。在大多数情况下，这两个后置摄像头拥有不同的焦距和镜头配置，使智能手机能够实现类似 DSLR 的光学功能(即广角和远焦)。此外，双摄像头设置还被用于诸如合成背景虚化效果和去除反射等应用。鉴于双摄像头配置的实用性，这种设计趋势在可预见的未来可能会继续。在本节所介绍的算法中，展示了双摄像头设置带来的另一个好处，即提高光照估计的准确性。

光照估计是计算颜色恒常性中最关键的步骤。颜色恒常性是指人类视觉系统在不同光照下观察到的场景颜色仍被视为相同的能力。摄像机并不天生具备这种光照适应能力，并且由摄像机传感器记录的原始 RGB 图像由于场景的光照会产生明显的颜色偏移。因此，计算颜色恒常性被应用于摄像机的原始 RGB 传感器图像，作为摄像机成像流程中的第一步，以去除这种不希望的色彩偏移。摄像机的自动白平衡(AWB)模块的主要目标就是光照估计，其灵感来源于计算颜色恒常性的概念。AWB 包括在传感器的原始 RGB 色彩空间中估计场景光照，然后应用一个简单的 3×3 对角矩阵，该矩阵直接从估计的光照参数中计算出来，以进行白平衡校正。因此，准确估计场景光照对确保摄像机图像中的正确场景颜色至关重要。

通过测试证明双摄像头系统比现有的单摄像头方法具有更准确的光照估计潜力。一个关键的认识是，主摄像头的传感器的光谱特性通常与第二个摄像头的不同。这是各种原因造成的。例如，为了适应与每个传感器相关联的不同光学特性，两个传感器的像元大小和总分辨率通常是不同的。这些差异影响制造商在传感器的生产过程中所使用的色彩滤镜数组，导致两个滤镜对入射光的光谱敏感度不同。虽然表面上这似乎是一个劣势，但摄像机成像流程的后续阶段可以纠正两个摄像头之间的差异，以确保最终输出颜色看起来相同。然而，对于我们的目的，传感器未经处理的原始图像有效地提供了底层场景的不同光谱测量。正是这些互补信息使我们能够设计一个双摄像头光照估计算法，如图 7.22 所示。

本节中算法最主要的贡献是，设计并训练一个用于光照估计的神经网络，其输入为两个摄像头原始传感器图像(同时捕捉同一场景)之间的 3×3 矩阵。同一场景的不同光谱样本之间的颜色变换具有与场景光照相关的独特特征。这使得颜色变换本身可以作为光照估计的特征。因此，与现有的单摄像头光照估计方法相反，后者直接在图像数据或图像直方图上训练它们的深度网络，网络只需要检查颜色变换矩阵中的 9 个参数。因此，可以训练一个非常轻量级的神经网络，在设备上实时高效运行。

接下来将描述双摄像头照明估计算法的各个步骤，包括图像空间对齐、颜色变换、构建双摄光照估计网络、数据增强以及训练细节等。

1. 图像空间对齐

本方法基于计算使用双摄像头系统拍摄的一对图像之间的颜色变换。两张图片通常有着不同的视角，在计算颜色变换前需要进行对齐。实际中，由于手机摄像头设计后相对位置不变，采用全局单应性对齐即可，而这个对齐参数可以提前通过标定得到。实际使用中，将图像下采样到原来的 1/6，这使该方法能够对两个视角中的微小错位和轻微视差保持鲁棒性。

2. 颜色变换

对于同一场景下由两个不同的传感器或摄像头捕获的两张原始 RGB 图像 $I_1 \in \mathbf{R}^{n\times 3}$ 和 $I_2 \in \mathbf{R}^{n\times 3}$，在相同的光照 $L \in \mathbf{R}^3$ 下，存在一个线性变换 $T \in \mathbf{R}^3$，该变换关联了这两图像的颜色值：

$$I_2 \approx I_1 T \tag{7-69}$$

使得 T 是与场景光照 L 的唯一对应，尽管式(7－69)是一个近似，但为了简便，将使用等号。首先，使用预计算的单应性来空间对齐这两张图片，然后对它们进行下采样，接着使用伪逆方法来计算：

$$T=(I_1{}^{\mathrm{T}}I_1)^{-1}I_1{}^{\mathrm{T}}I_2 \tag{7-70}$$

双摄光照估计：给出一个数据集的 M 对图像对：

$$\mathcal{T}=\{(I_{11},I_{21}),(I_{12},I_{22})\cdots,(I_{1M},I_{2M})\} \tag{7-71}$$

接下来使用式(7-70)来计算每个图像对之间的颜色转换：

$$\mathcal{L}=\{L_1,L_2,\cdots,L_M\} \tag{7-72}$$

给定每对图像的第一个摄像机 I_{1i}，测量得到一组相应的真实光照集合：

$$\mathcal{L}=\{L_1,L_2,\cdots,L_M\} \tag{7-73}$$

3. 双摄光照估计网络

训练一个神经网络 $f_\theta:\mathcal{T}->\mathcal{L}$，其中参数为 θ，来模拟颜色变换 T 与场景光照 $\mathcal{L}$ 之间的映射。然后，可以使用 f_θ 根据两图像之间的颜色变换来预测主摄像头的场景光照：

$$\hat{L}=f_\theta(T) \tag{7-74}$$

在不失一般性的情况下，此方法也可以通过使用相同的颜色变换来训练预测第二摄像头的光源。但为了简化，仅专注于估算主摄像头的光照。通过最小化预测光照和真实光照之间的 $L1$ 损失来训练网络模型。

$$\min_\theta \frac{1}{M}\sum_{i=1}^{M}|\hat{L}_i-L_i| \tag{7-75}$$

网络模型也仅使用非常轻量级的，由少量(例如 2、5 或 16)的全连接层组成；每层仅有九个神经元。参数的总数从 2 层结构的 200 个参数到 16 层网络的 1 460 个参数不等。网络的输入是颜色变换 T 的九个值，输出是与 2D [R/G B/G]色度色彩空间中的光照估计对应的两个值，其中绿色通道的值始终设置为 1，整个过程如图 7.23 所示。

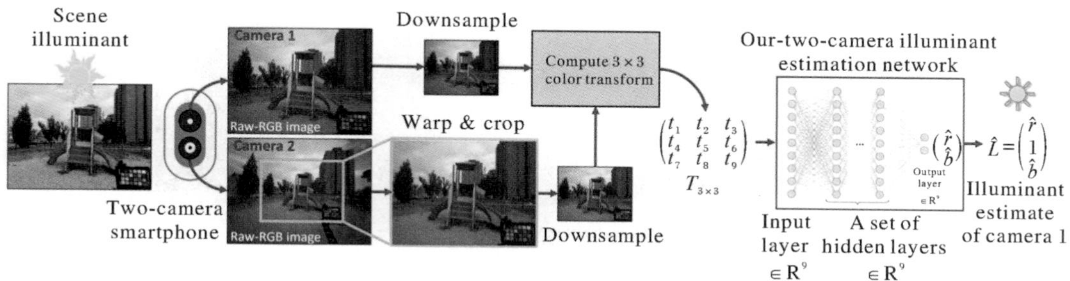

图 7.23 双摄光照估计算法流程

4. 数据增强

由于缺乏在相同光照下使用两台相机捕获的大型图像对数据集，为了增加训练样本的数量和模型的泛化能力，提议按照以下方式增强训练图像。给定一个包含两台相机拍摄的原始 RGB 图像对和色彩还原图的小型数据集，从每张图像中提取 24

色色卡的色彩值，然后，仅基于来自两张图像的色彩图值，计算主相机之间的每对图像的精确颜色转换：

$$T_C^{1i\to 1j}=(I_{1i}^{\mathrm{T}}I_{1i})^{-1}I_{1i}^{\mathrm{T}}I_{1j} \tag{7-76}$$

对于辅助摄像机的每一个图像对，同样的按照以下进行扩展：

$$T_C^{2i\to 2j}=(I_{2i}^{\mathrm{T}}I_{2i})^{-1}I_{2i}^{\mathrm{T}}I_{2j} \tag{7-77}$$

接下来，使用这组颜色转换来增强我们的图像，通过重新调整任意给定的两相机图像对(I_{1i}，I_{2i})的光照，以使它们的颜色与任意目标图像对(I_{1i}，I_{2i})匹配，具体操作如下：

$$I_{1i\to j}=I_{1i}T_C^{1i\to 1j} \tag{7-78}$$

$$I_{2i\to j}=I_{2i}T_C^{2i\to 2j} \tag{7-79}$$

其中，$i\to j$ 表示调整图像 i 的光照以匹配图像 j 的颜色。利用这种光照增强方法，可以将训练图像对的数量从 M 增加到 $M\times M$。图 7.24 展示了根据另一对目标图像重新调整一对图像的光照的示例。

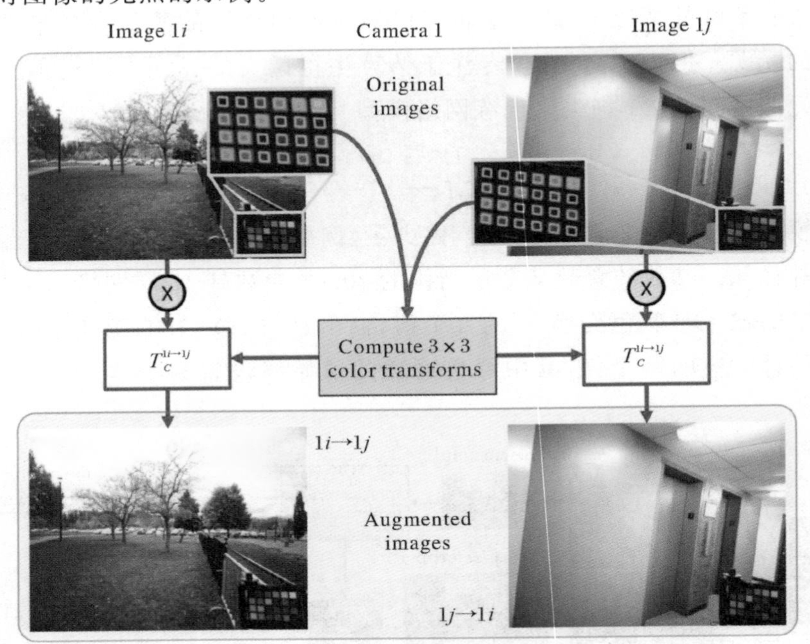

图 7.24 数据增强方法(图像来自原作者论文)

为了训练双摄像头光照估计网络，需要一个数据集，其中包含在相同光照下使用两台不同相机拍摄的同一场景的图像对。目前没有公开可用的使用双摄像头系统拍摄并包含标记的真实光照的颜色恒常性图像数据集。为了生成图像，从现有的单摄像头色彩恒常性数据集生成准真实双摄像头数据集。为了实现这个目标，选择了 NUS－9 数据集，该数据集主要包含使用不同摄像头拍摄的同一场景下相同光照的图片。选择尼康 D5200 作为主摄像头，而佳能 1Ds Mark III 作为第二摄像头。从图像中选择那些两个摄像头观察同一场景且光照无明显变化的图片。筛选后，从两台摄像头中获得了 195 对匹配的图片。两个摄像头的匹配图片对的一些代表性例子如图 7.25 所示。从图中可以看出，尽管场景是相同的，但相对视角变化很大。

图 7.25　NUS－9 数据集选择的两个相机的图像对

根据选择的图像对，进行图像预处理，具体做法如下：对于来自两个摄像头的每一对图片(I_{1i}，I_{2i})。首先仅使用色彩检测器块的 24 个对应关系计算出一个准确的 3×3 变换 T_M^{1i-2i}，将主摄像头的原始 RGB 映射到第二摄像头。接下来将这个色彩变换应用于主摄像头的图片，以合成一个新的第二摄像头图片。这两张空间对齐的图片构成了准真实数据集中的一对，如图 7.26 所示。

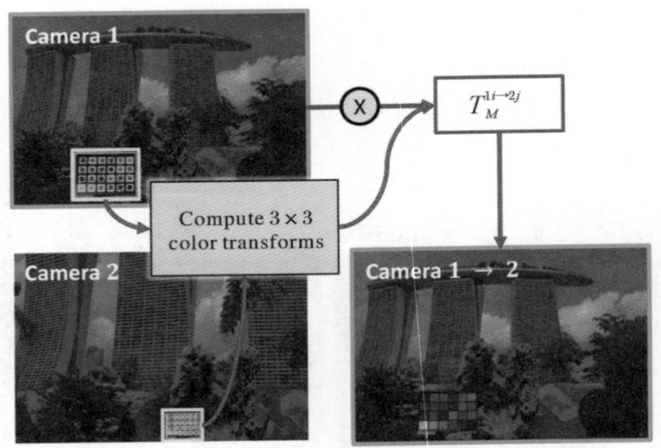

图 7.26 通过 NUS-9 数据集生成双摄图像对

训练使用 Adam 进行优化，学习率为 $10e^{-4}$，大约训练 10 h，100 万次循环，算法模型损失基本不再下降。经过测试，达到了较好的效果。图 7.27 展示了几幅使用本算法进行颜色校正的示例，图中第一列表示偏色图像，第 2 列是使用本算法进行校正后的结果，最后一列是真实光照。图片中标注的数字表示角度误差，从图中可以看出，使用双摄光照预测算法进行校正的结果非常接近真实值。

图 7.27 双摄光照预测进行颜色校正效果

本节所介绍的算法利用现代智能手机设计中常用的两个后置摄像头的可用性，进行光照估计。通过神经网络模型来估计场景光照。这为手机摄像机以及其他多目摄像机完成光照估计及白平衡算法提供了新的思路和方法。

7.9 本章小节

本章深入地探索了基于学习的颜色恒常性算法，特别重视那些基于深度学习的前沿技术。其中，FC^4、CCC、DS-Net、C^4 以及双摄光照预测方法不仅仅是作为章节的重点，而且是展示了当前研究领域的顶尖方法和其发展趋势。这些方法不仅为我们展示了深度学习如何被有效地运用在颜色恒常性问题上，还揭示了其对于实际问题的复杂性和多样性有多么精细的建模和优化。这些基于深度学习的方法，通过神经网络的强大能力，确保了图像在各种不同的光照条件下能够保持一致和真实的颜色。

除此之外，这些方法的成功实践也为我们提供了一个清晰的视角，展示了深度学习如何将传统问题转化为现代化的解决方案，同时也突显了数据驱动方法的重要性。读者在学习和对比这些方法后，不仅能够更全面地理解颜色恒常性背后的核心挑战和技术细节，而且也能够从中得到启示，为未来的研究和应用创新思路提供更多的可能性和方向。

第8章 结 语

随着本书的尾声，我们不禁要深深感叹：颜色，这看似简单的自然现象，背后所蕴藏的学问和技术却如此之深。从书中，我们共同经历了从基础理论到高端技术的一次知识之旅，每一个细节都向我们展示了颜色恒常性的重要性及其在现实中的应用。

首先，让我们重新审视成像系统的发展历程。不仅仅是技术的进步，更是对人类视觉系统的一次深度模拟。每一代的成像技术，都在试图更好地捕捉和呈现真实世界中的颜色。而在这背后，都离不开对颜色恒常性深入的理解和研究。

但正如我们在书中所见，这并非易事。复杂的光照环境、不同物质的反射特性，以及人眼和大脑的联合解读，共同构成了一个巨大的挑战。而面对这些挑战，科学家和工程师们从未停止过他们的步伐，不断地探索、实验和创新，希望为我们带来更为真实的颜色体验。

在现代技术研究中，深度学习已经开始展现出其强大的潜力。通过训练大量数据、模型，逐渐学习到颜色恒常性的细微规律，使我们在处理复杂光照估计上取得了前所未有的进步。但这只是冰山一角，随着更多的研究和实验，未来可能还会有更多突破性的技术出现。

此外，颜色恒常性不仅仅是一个技术问题，它更关乎人类的感知和情感。色彩如何影响我们的心情、如何调动我们的记忆，这些都是我们未来探索的方向。

在此，我们希望进一步深化对颜色恒常性未来发展方向的探讨，从而为这一领域的研究者和爱好者提供更为明确的指引。

首先，跨学科的融合将是未来颜色恒常性研究的一个重要方向。生物学、心理学、计算机科学、光学和材料科学，这些看似不相关的学科都与颜色恒常性有着千丝万缕的联系。将这些学科的研究成果整合到一起，能为我们提供一个更为全面和深入的视角，助力我们更好地理解和利用颜色恒常性。

其次，人工智能与深度学习的进一步发展无疑会对颜色恒常性的研究产生深远的影响。随着算法的不断优化和计算能力的增强，深度学习在颜色恒常性的研究中所起到的作用将越来越大。而未来的研究可能不再局限于模拟人类的视觉系统，而是努力探索超越人类的新方法和技术。

此外，量子计算的崛起也为颜色恒常性的研究开辟了新的疆域。考虑到量子计算在处理大量数据时具有天然的优势，它在颜色恒常性的模型训练和优化中可能会发挥关键作用，助力我们突破现有的技术瓶颈。

再者，虚拟现实与增强现实技术的快速发展，使得颜色恒常性的研究越来越具有实际意义。如何在虚拟环境中重现真实世界的颜色，如何在增强现实中实现颜色的无缝融合，这些都是未来研究者们急需解决的问题。

对于颜色恒常性的应用领域，未来的趋势也将更为广泛和多元。从电影制作、游戏开发到医学成像、无人驾驶技术，颜色恒常性的研究成果将被应用到各种各样的场景中，为我们的生活带来更多的便利和乐趣。

总的来说，颜色恒常性不仅仅是一个纯学术的领域，它也与我们的日常生活息息相关，对我们的工作和娱乐都有着深远的影响。随着技术的不断进步，我们有理由相信，未来的颜色恒常性研究将会更为深入、更为精准，为我们揭示更多关于这个世界的奥秘。

综上所述，本书希望为读者提供一个全面而深入的颜色恒常性视角，从基础到前沿，为大家铺设一条认知的道路。未来，我们期待有更多的研究者加入这个领域，共同推动颜色恒常性研究的发展，让我们的世界更加五彩斑斓。

参考文献

[1] HENRY G H, VIDYASAGAR T R. A vision of the brain[J]. Trends in Neurosciences, 1993, 16(12):533 - 534.

[2] SPILLMANN L. An introduction to the visual system[J]. Trends In Neurosciences, 1997,5:233 - 234.

[3] MCCANN J J, MCKEE S P, TAYLOR T H. Quantitative studies in retinex theory[J]. Vision Research, 1976, 16(5):445 - 458.

[4] LAND E H. Color vision and the natural image: part I[J]. Proceedings of the National Academy of Sciences of the United States of America, 1959, 45(1):115 - 129.

[5] LAND E H. Color vision and the natural image: part II[J]. Proceedings of the National Academy of Sciences of the United States of America, 1959, 45(4):636 - 644.

[6] LAND E H. Experiments in color vision[J]. Scientific American, 1959, 200(5): 84 - 96.

[7] 盖维尔斯,吉森尼,魏约尔,等.彩色计算机视觉:基础与应用[M].章毓晋,译.北京:清华大学出版社,2022.

[8] 马瑞青.色觉类型和光源对人类颜色恒常性的影响研究[M].西安:西安电子科技大学出版社,2020.

[9] FAIN G L, DOWLING J E. Intracellular recordings from single rods and cones in the mudpuppy retina[J]. Science, 1973, 180(4091): 1178 - 1181.

[10] Brown P K, Wald G. Visual pigments in single rods and cones of the human retina[J]. Science, 1964, 144: 45 - 52.

[11] MARKS W B, DOBELLE W H, JR MACNICHOL E F. Visual pigments of single primate cones[J]. Science, 1964, 143(3611): 1181 - 1183.

[12] HART N S. Vision in the peafowl (Aves: Pavo cristatus)[J]. Journal of Experimental Biology, 2002, 205(Pt 24): 3925 - 3935.

[13] ODEEN A, HASTAD O. Complex distribution of avian color vision systems revealed by sequencing the SWS1 opsin from total DNA[J]. Molecular Biology and Evolution, 2003, 20(6): 855 - 861.

[14] BOWMAKER J K, HEATH L A, WILKIE S E, et al. Visual pigments and oil droplets from six classes of photoreceptor in the retinas of birds[J]. Vision Research, 1997, 37(16): 2183 - 2194.

[15] CURCIO C A, SLOAN K R, KALINA R E, et al. Human photoreceptor topography [J]. Journal of Comparative Neurology, 1990, 292(4): 497 - 523.

[16] KUFFLER S W. Discharge patterns and functional organization of mammalian retina [J]. Journal of Neurophysiology, 1953, 16(1): 37 - 68.

[17] HUBEL D H, WIESEL T N. Receptive fields, binocular interaction and functional architecture in the cat's visual cortex[J]. The Journal of Physiology, 1962, 160(1): 106 - 154.

[18] SCHILLER P H, MALPELI J G. Functional specificity of lateral geniculate nucleus laminae of the rhesus monkey[J]. The Journal of Neuroscience, 1978, 41(3): 788 - 797.

[19] LIVINGSTONE M, HUBEL D. Segregation of form, color, movement, and depth: anatomy, physiology, and perception[J]. Science, 1988, 240(4853): 740 - 749.

[20] CASAGRANDE V A. A third parallel visual pathway to primate area V1[J]. Trends in Neurosciences, 1994, 17(7): 305 - 310.

[22] ZEKI S M. Uniformity and diversity of structure and function in rhesus monkey prestriate visual cortex[J]. The Journal of Physiology, 1978, 277: 273 - 290.

[23] VAN ESSEN D C, MAUNSELL J H R. Hierarchical organization and functional streams in the visual cortex[J]. Trends in Neurosciences, 1983, 6: 370 - 375.

[24] FELLEMAN D J, VAN ESSEN D C. Distributed hierarchical processing in the primate cerebral cortex[J]. Cerebral Cortex, 1991, 1(1): 1 - 47.

[25] JANESICK J R. Scientific charge-coupled devices[M]. Bellingham, Washington: SPIE Press, 2001.

[26] NAKAMURA J. Image sensors and signal processing for digital still cameras [M]. Boca Raton, Florida: Taylor & Francis/CRC Press, 2006.

[27] FOSSUM E R. CMOS image sensors: Electronic camera-on-a-chip[J]. IEEE Transactions on Electron Devices, 1997, 44(10): 1689 - 1698.

[28] YADID-PECHT O, ETIENNE-CUMMINGS R. CMOS imagers: from phototransduction to image processing[M]. Berlin: Springer, 2004.

[29] JÄHNE B. Digitale bildverarbeitung[M]. 5th ed. Berlin: Springer Nature, 2002.

[30] LENGYEL E. Mathematics for 3D game programming and computer graphics[M]. Hingham, Massachusetts: Charles River Media, 2002.

[32] BAYER B E. Color imaging array: US3971065[P]. 1976 - 07 - 20.

[33] BOCKAERT V. Color filter array Digital Photography Review[EB/OL]. 2005.

http://www.dpreview.com.

[35] HORN B. Robot vision[M]. Cambridge, Massachusetts: MIT Press, 1986.

[36] POYNTON C A. Digital video and HDTV: algorithms and interfaces[M]. Amsterdam: Morgan Kaufmann Publishers, 2003.

[37] WATT A H. 3D computer graphics[M]. 3rd ed. Harlow, England: Addison-Wesley, 2000.

[38] FUNT B, BARNARD K, MARTIN L. Is machine colour constancy good enough? [M]//Lecture Notes in Computer Science. Berlin, Heidelberg: Springer, 1998: 445 - 459.

[39] BRILL M H. A device performing illuminant-invariant assessment of chromatic relations[J]. Journal of Theoretical Biology, 1978, 71(3): 473 - 478.

[40] D'ZMURA M, LENNIE P. Mechanisms of color constancy[J]. Journal of the Optical Society of America A, 1986, 3(10): 1662 - 1672.

[41] FOLEY J D, DAM A V, FEINER S K. Computer graphics-principles and practice, second edition in C[M]. Reading, Massachusetts: Addison-Wesley, 1996.

[45] GONZALEZ R C, WOODS R E. Digital image processing[M]. Reading, Massachusetts: Addison-Wesley, 1992.

[46] SMITH A R. Color gamut transform pairs[C]//Proceedings of the 5th annual conference on Computer graphics and interactive techniques. ACM, 1978: 12 - 19.

[48] WANDELL B A. Foundations of vision[M]. Sunderland, Massachusetts: Sinauer Associates, 1995.

[49] LAND E H, MCCANN J J. Lightness and retinex theory[J]. Journal of the Optical Society of America, 1971, 61(1): 1 - 11.

[51] RIZZI A, GATTA C, MARINI D. A new algorithm for unsupervised global and local color correction[J]. Pattern Recognition Letters, 2003, 24(11): 1663 - 1677.

[52] GIJSENIJ A, GEVERS T, VAN DE WEIJER J. Computational color constancy: survey and experiments[J]. IEEE Transactions on Image Processing, 2011, 20(9): 2475 - 2489.

[53] BARNARD K, MARTIN L, FUNT B, et al. A data set for color research[J]. Color Research & Application, 2002, 27(3): 147 - 151.

[54] BUCHSBAUM G. A spatial processor model for object colour perception[J]. Journal of the Franklin Institute, 1980, 310(1): 1 - 26.

[55] FINLAYSON G D, DREW M S, FUNT B V. Color constancy: Generalized diagonal transforms suffice[J]. Journal of the Optical Society of America A, 1994, 11(11): 3011.

[56] FINLAYSON G D, SCHIELE B, CROWLEY J L. Comprehensive colour image normalization[M]//Lecture Notes in Computer Science. Berlin, Heidelberg: Springer ,1998: 475 – 490.

[57] EBNER M. Color Constancy[M]. New York: John Wiley & Sons, 2006.

[58] BRAINARD D H, WANDELL B A. Asymmetric color matching: how color appearance depends on the illuminant[J]. Journal of the Optical Society of America A, 1992, 9(9): 1433 – 1448.

[59] GERSHON R, JEPSON A D, TSOTSOS J K. Ambient illumination and the determination of material changes[J]. Journal of the Optical Society of America A, 1986, 3(10): 1700.

[60] FINLAYSON G D, DREW M S. 4 – sensor camera calibration for image representation invariant to shading, shadows, lighting, and specularities[C]//Proceedings Eighth IEEE International Conference on Computer Vision. ICCV. July 7 – 14, 2001, Vancouver, BC, Canada. IEEE, 2001: 473 – 480.

[61] FORSYTH D A. A novel approach to colour constancy[C]//1988 Proceedings Second International Conference on Computer Vision. December 5 – 8, 1988, Tampa, Florida, USA. IEEE, Aug. 2002: 9 – 18.

[62] FORSYTH D A. A novel algorithm for color constancy[J]. International Journal of Computer Vision, 1990, 5(1): 5 – 35.

[63] FINLAYSON G D, FUNT B V. Coefficient channels: derivation and relationship to other theoretical studies[J]. Color Research and Application 1996, 21(2): 87 – 96.

[64] HE K M, SUN J, TANG X O. Single image haze removal using dark channel prior[C]//2009 IEEE Conference on Computer Vision and Pattern Recognition. June 20 – 25, 2009, Miami, Florida. IEEE, 2009: 1956 – 1963.

[65] HE K M, SUN J, TANG X O. Guided image filtering[J]. IEEE Transactions on Pattern Anal Mach Intell, 2013, 35(6): 1397 – 1409.

[66] BRAINARD D H, FREEMAN W T. Bayesian color constancy[J]. Journal of the Optical Society of America A, 1997, 14(7): 1393.

[68] FINLAYSON G D, DREW M S, FUNT B V. Spectral sharpening: sensor transformations for improved color constancy[J]. Journal of the Optical Society of America A Optics Image Science & Vision, 1994, 11(5): 1553 – 1563.

[70] BARRON J T, TSAI Y T. Fast fourier color constancy[C]//2017 IEEE Conference on Computer Vision and Pattern Recognition (CVPR). July 21 – 26, 2017, Honolulu, HI, USA. IEEE, 2017: 6950 – 6958.

[71] SHI W, LOY C C, TANG X O. Deep specialized network for illuminant estimation[M]//Lecture Notes in Computer Science. Cham: Springer International Publishing, 2016: 371 - 387.

[72] HU Y M, WANG B Y, LIN S. FC4: Fullyconvolutional color constancy with confidence-weighted pooling[C]//2017 IEEE Conference on Computer Vision and Pattern Recognition (CVPR). July 21 - 26, 2017, Honolulu, HI, USA. IEEE, 2017: 330 - 339.

[73] YU H L, CHEN K, WANG K Q, et al. Cascading convolutional color constancy [J]. Proceedings of the AAAI Conference on Artificial Intelligence, 2020, 34 (7): 12725 - 12732.

[74] ABDELHAMED A, PUNNAPPURATH A, BROWN M S. Leveraging the availability of two cameras for illuminant estimation[C]//2021 IEEE/CVF Conference on Computer Vision and Pattern Recognition (CVPR). June 20 - 25, 2021, Nashville, TN, USA. IEEE, 2021: 6633 - 6642.

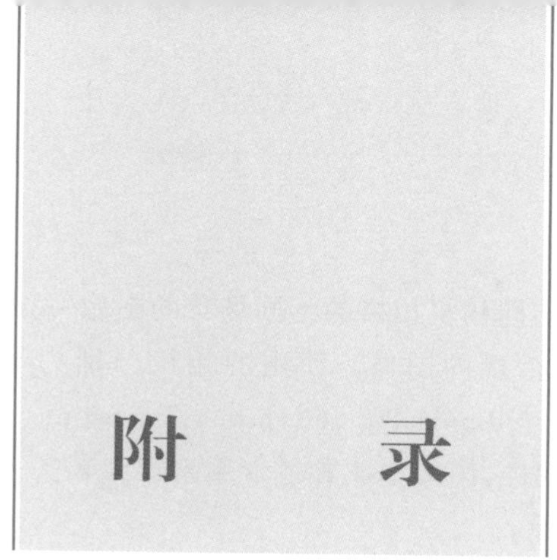

附　　录

附录1　数　据　集

1. ColorCheck2018 数据集

包含 568 幅通过 Canon1D 和 Canon5D 拍摄的图像，每幅图像中包含一个色卡用来得到真实的光照颜色，数据集和 ColorCheck 数据集图像一致，2018 年对错误的光照标签进行了修正。图 1 展示了几幅取自 ColorCheck2018 数据集的图像。

下载链接：https://drive.google.com/drive/folders/1tKrL3pMV1tdAEtmeWGKlHoUU6UfpUSKZ

图 1　取自 ColorCheck(2018)数据集的图像

2. NUS-9 数据集

数据集共包含 9 个不同相机拍摄的不同场景的图像，总共 1 736＋117 幅图像，比 NUS-8 增加一个相机拍摄的图像。使用的相机分别为 Canon EOS-1D、Canon EOS 600D、Fuji X-M1、NikonD5200、Olympus、Panasonic、Samsung NX2000、Sony A57 以及 Nikon D40。同样，图像中放置色卡用来得到真实光照。图 2 展示了几幅取自 NUS-9 数据集的图像。

下载链接：https://cvil.eecs.yorku.ca/projects/public_html/illuminant/illuminant.html

图 2　取自 NUS-9 数据集的图像

3. Cube＋数据集

Cube＋数据集包含 1 365＋342 图像(主要是室外)，其中 1 365 幅是 Cube 数据集中的图像，342 幅是扩展图像，这些图像是使用 Canon EOS 550D 相机在克罗地亚、斯洛文尼亚和奥地利的不同地方在各个季节拍摄的。每幅图像右下角纺织一个 Cube 校准物体，其两个中性的 18%灰色面被用来确定每张图像的真实光照。图 3 展示了几幅取自 Cubet 数据集的图像。

下载链接：https://ipg.fer.hr/ipg/resources/color_constancy

图 3　取自 Cube+数据集的图像

4. INTEL - TAU 数据集

INTEL - TAU 数据集总共包含 7 022 个场景，是目前光照估计研究中可用的最大数据集。使用 Canon 5DSR、Nikon D810 和 Sony IMX135 三种不同的相机拍摄。图像包含各种场景，非常适合评估不同光照估计技术的相机和场景不变性。图 4 展示了几幅来自 INTEL - TAU 数据集的图像。

下载链接：https://etsin.fairdata.fi/dataset/f0570a3f-3d77-4f44-9ef1-99ab4878f17c/data

图 4　取自 INTEL - TAU 数据集的图像

5. SFU Lab 数据集

SFU Lab 数据集包含 11 种光源下使用 Sony - DX - 930 相机拍摄的 321 幅图像，所有图像均在实验室场景下拍摄得到。光源主要包含三种不同的荧光灯、四种白炽灯和加了蓝滤色片(Roscolux3202)的四个白炽灯。真实的光照来自光源的颜色。该数据集光源分布广泛，可以比较好的代表室内环境，同时光源颜色精度较高。图 5 展示几幅来自 SFU Lab 数据集的图像。

下载链接：https://www2.cs.sfu.ca/～colour/data/colour_constancy_test_images/index.html

图 5　取自 SFU Lab 数据集的图像

6. SFU Grey - Ball 数据集

为了弥补 SFU Lab 数据集的不足，SFU 又收集了一个包含 11 000 多幅图像的大型的图像集，包含室内图像 4 856 幅，室外图像 6 490 幅，从近 2 h 的视频中提取出来的图像。将一个灰度球绑定在摄像机上以此来得到光源真实颜色。该数据集的优点是数据量大，缺点也非常明显，数据从视频中截取，相关性太强。图 6 展示几幅来自 SFU Grey - Ball 数据集的图像。

下载链接：https://www2.cs.sfu.ca/～colour/data/gray_ball/index.html

图 6 取自 SFU Grey - Ball 数据集的图像

7. Gehler - Shi 568 数据集

Gehlersh 使用 Canon1D 和 Canon5D 收集了 568 幅 RAW 格式的室内和室外图像。他在每个场景前放置色卡，用来测试光源和动态范围，最后转成 TIFF 格式。该数据集优点是成像质量高，但是缺点相当多。由于从 RAW 到 TIFF 采用的全自动模式，所以，自动白平衡、伽马校正、插值等都对图像干扰。图 7 展示了几幅来自 Gehler - Shi 568 数据集中的图像。

下载链接：https://www2.cs.sfu.ca/～colour/data/shi_gehler/

图 7 取自 Gehler - Shi 568 数据集的图像

8. SFU 105 HDR 数据集

SFU 105 HDR 数据集包含了 105 幅高质量的图像，使用尼康 D700 拍摄。场景中放置 4 个不同角度的色卡用来计算场景的光照。数据为 14 位数据，提供了更高的动态范围，相对于 8 位图像有很大优势。图 8 展示了几幅取自 SFU 105 HDR 数据集的图像。

下载链接：https://www2.cs.sfu.ca/～colour/data/funt_hdr/

图 8 取自 SFU 105 HDR 数据集的图像

附录 2 算法误差对比表

1. ColorCheck 数据集对比

Method	Mean	Med.	Tri.	Best 25%	Worst 25%	95% Quant
White-Patch	7.55	5.68	6.35	1.45	16.12	—
Edge-based Gamut	6.52	5.04	5.43	1.90	13.58	—
Gray-World	6.36	6.28	6.28	2.33	10.58	11.3
1 st-order Gray-Edge	5.33	4.52	4.73	1.86	10.03	11.0
2nd-order Gray-Edge	5.13	4.44	4.62	2.11	9.26	—
Shades-of-Gray	4.93	4.01	4.23	1.14	10.20	11.9
Bayesian	4.82	3.46	3.88	1.26	10.49	—
General Gray-World	4.66	3.48	3.81	1.00	10.09	—
Intersection-based Gamut	4.20	2.39	2.93	0.51	10.70	—
Pixel-based Gamut	4.20	2.33	2.91	0.50	10.72	14.1
Natural Image Statistics	4.19	3.13	3.45	1.00	9.22	11.7
Bright Pixels	3.98	2.61	—	—	—	—
Spatio-spectral (GenPrior)	3.59	2.96	3.10	0.95	7.61	—
Cheng et al.	3.52	2.14	2.47	0.50	8.74	—

续 表

Method	Mean	Med.	Tri.	Best 25%	Worst 25%	95% Quant
Corrected-Moment(19 Color)	3.5	2.6	—	—	—	8.60
Exemplar-based	3.10	2.30	—	—	—	—
Corrected-Moment(19 Color)*	2.96	2.15	2.37	0.64	6.69	8.23
Corrected-Moment(19 Edge)	2.8	2.0	—	—	—	6.90
Corrected-Moment(19 Edge)*	3.12	2.38	2.59	0.90	6.46	7.80
Regression Tree	2.42	1.65	1.75	0.38	5.87	—
CNN	2.36	1.98	—	—	—	—
CCC(dist+ext)	1.95	1.22	1.38	0.35	4.76	5.85
DS-Net(HypNet+SelNet)	1.90	1.12	1.33	0.31	4.84	5.99
AlexNet-FC^4	1.77	1.11	1.29	0.34	4.29	5.44
SqueezeNet-FC^4	1.65	1.18	1.27	0.38	3.78	4.73
C^4-AlexNet	1.49	1.03	1.13	0.29	3.25	—
C^4-SqueezeNet	1.35	0.88	0.99	0.28	3.21	—

2. NUS-8 数据集对比

Method	Mean	Med.	Tri.	Best 25%	Worst 25%	G. M.
White-Patch	10.62	10.58	10.49	1.86	19.45	8.43
Edge-based Gamut	8.43	7.05	7.37	2.41	16.08	7.01
Pixel-based Gamut	7.70	6.71	6.90	2.51	14.05	6.60
Intersection-based Gamut	7.20	5.96	6.28	2.20	13.61	6.05
Gray-World	4.14	3.20	3.39	0.90	9.00	3.25
Bayesian	3.67	2.73	2.91	0.82	8.21	2.88
Natural Image Statistics	3.71	2.60	2.84	0.79	8.47	2.83
Shades-of-Gray	3.40	2.57	2.73	0.77	7.41	2.67
Spatio-spectral (ML)	3.11	2.49	2.60	0.82	6.59	2.55
General Gray-World	3.21	2.38	2.53	0.71	7.10	2.49
2nd-order Gray-Edge	3.20	2.26	2.44	0.75	7.27	2.49
Bright Pixels	3.17	2.41	2.55	0.69	7.02	2.48
1 st-order Gray-Edge	3.20	2.22	2.43	0.72	7.36	2.46
Spatio-spectral (GenPrior)	2.96	2.33	2.47	0.80	6.18	2.43
Corrected-Moment* (19Edge)	3.03	2.11	2.25	0.68	7.08	2.34

续表

Method	Mean	Med.	Tri.	Best 25%	Worst 25%	G. M.
Corrected-Moment* (19Color)	3.05	1.90	2.13	0.65	7.41	2.26
Cheng et al.	2.92	2.04	2.24	0.62	6.61	2.23
CCC (dist+ext)	2.38	1.48	1.69	0.45	5.85	1.74
Regression Tree	2.36	1.59	1.74	0.49	5.54	1.78
DS-Net (HypNet+SelNet)	2.24	1.46	1.68	0.48	6.08	1.74
AlexNet-FC4	2.12	1.53	1.67	0.48	4.78	1.66
SqueezeNet-FC4	2.23	1.57	1.72	0.47	5.15	1.71
C4-AlexNet	2.07	1.47	1.63	0.48	4.63	—
C4-SqueezeNet	1.96	1.42	1.53	0.48	4.40	—

附录3 算法源码

1. White Patch

```
import numpy as np
import cv2
image = cv2.imread("1.jpg")       # 使用opencv读取图像
top = image.shape[0] * image.shape[1] * 0.01 # 屏蔽掉图像上的一部分内容以减少误差
b,g,r = cv2.split(image)  # 将图像3个通道分离
rgbmax = [0,0,0]
for i in range(image.shape[-1]):
    sum = 0
    l = 256
    hist,_ = np.histogram(cv2.split(image)[i].flatten(),256,[0,256])
    while sum<top:
        l = l-1
        sum = sum+hist[l]
    rgbmax[i] = l
b = (b/rgbmax[0] * 255).clip(0,255)   #计算每个通道的最大像素值
g = (g/rgbmax[1] * 255).clip(0,255)   #计算每个通道的最大像素值
```

```
r = (r/rgbmax[2] * 255).clip(0,255)  #计算每个通道的最大像素值
image = cv2.merge([b,g,r]).astype(np.uint8)  # 合并图像的三个通道
cv2.imshow('white_patch',image)  #显示校正后的图像
cv2.waitKey(0)
```

2. Gray World

```
import cv2
import numpy as np
def gray_world(img):
    b,g,r = cv2.split(img)  # 将图像分成蓝、绿、红三个通道
    mean_b = np.mean(b)  # 计算蓝色通道的均值
    mean_g = np.mean(g)  # 计算绿色通道的均值
mean_r = np.mean(r)  # 计算红色通道的均值

    mean = (mean_b + mean_g + mean_r) / 3.0  # 计算三个通道的总均值

    scale_b = mean / mean_b  # 计算蓝色通道的缩放因子
    scale_g = mean / mean_g  # 计算绿色通道的缩放因子
    scale_r = mean / mean_r  # 计算红色通道的缩放因子

    b = cv2.convertScaleAbs(b,alpha=scale_b,beta=0)  # 调整蓝色通道
    g = cv2.convertScaleAbs(g,alpha=scale_g,beta=0)  # 调整绿色通道
    r = cv2.convertScaleAbs(r,alpha=scale_r,beta=0)  # 调整红色通道

    adjusted_img = cv2.merge([b,g,r])  # 合并三个通道成为一个图像
    return adjusted_img
image_path = "1.jpg"  # 你的图像路径
img = cv2.imread(image_path)  # 读取图像
adjusted_img = gray_world_assumption(img)  # 使用灰度世界假设进行调整
cv2.imshow("Original Image",img)  # 显示原始图像
cv2.imshow("Adjusted Image",adjusted_img)  # 显示调整后的图像
cv2.waitKey(0)
cv2.destroyAllWindows()
```

3. 色域约束法

```
import cv2
```

```
import numpy as np
from scipy.spatial import ConvexHull

def chromatic_mapping(source,destination):#计算色域映射矩阵。
    source_mean = np.mean(source,axis=0)  # 计算源色域的均值
    destination_mean = np.mean(destination,axis=0)  # 计算目标色域的均值

    source_cov = np.cov(source,rowvar=False)  # 计算源色域的协方差矩阵
    destination_cov = np.cov(destination,rowvar=False)  # 计算目标色域的协方差矩阵

    M = np.linalg.inv(source_cov) @ destination_cov  # 计算映射矩阵
    return M,destination_mean - (M @ source_mean)  # 返回映射矩阵和偏移量

def color_domain_constraints(img,reference_img):#使用色域约束法进行颜色校正。
    # 计算图像的凸包
    img_hull = ConvexHull(img.reshape((-1,3)))  # 计算输入图像的凸包
    reference_hull = ConvexHull(reference_img.reshape((-1,3)))  # 计算参考图像的凸包

    # 找到映射矩阵和偏移
    M,offset = chromatic_mapping(img_hull.points,reference_hull.points)  # 用凸包计算映射

    # 应用映射
    adjusted_img = img.reshape((-1,3)) @ M.T + offset  # 应用映射矩阵和偏移量
    adjusted_img = np.clip(adjusted_img,0,255).astype(np.uint8)  #限定输出0到255范围内
    adjusted_img = adjusted_img.reshape(img.shape)  # 调整形状回原始大小
    return adjusted_img  # 返回调整后的图像

#调用示例
```

```
source_img = cv2.imread("1.jpg")  # 读取源图像
reference_img = cv2.imread("reference_image.jpg")  # 读取参考图像

adjusted_img = color_domain_constraints(source_img,reference_img)  # 使用色域约束法进行校正

cv2.imshow("Original",source_img)  # 显示原始图像
cv2.imshow("Adjusted",adjusted_img)  # 显示调整后的图像
cv2.waitKey(0)
cv2.destroyAllWindows()
```

4.暗通道优先颜色校正

```
import numpy as np
import cv2

def autoDarkWB(inIM):
    m,n,_ = inIM.shape  # 获取图像的维度
    inIM = inIM.astype(float)  # 将图像转换为浮点数格式

    r = inIM[:,:,2]  # 提取红色通道
    g = inIM[:,:,1]  # 提取绿色通道
    b = inIM[:,:,0]  # 提取蓝色通道

    A = np.mean((r + g + b) / 3)  # 计算 RGB 通道的平均值

    w = 5  # 定义结构元素大小
    dark = np.min(inIM,axis=2)  # 获取 RGB 中的最小值作为暗通道
    darkmin = cv2.erode(dark,np.ones((w,w)))  # 对暗通道应用腐蚀操作
    t = 1 - darkmin / A  # 计算 t
    t = np.maximum(t,0.05)  # 限制 t 的最小值
    t1 = np.mean(t)  # 计算 t 的平均值

    K = 230  # 阈值 K
    T = np.zeros((m,n))  # 创建一个与图像同大小的零矩阵
```

```
    for i in range(m):
        for j in range(n):
            if darkmin[i,j] < K and t[i,j] < t1:
                T[i,j] = 255  # 根据条件设置 T 的值
            else:
                T[i,j] = 0
    rsum = np.sum(r[T==255])  # 根据 T 的值,求和红色通道的值
    gsum = np.sum(g[T==255])  # 根据 T 的值,求和绿色通道的值
    bsum = np.sum(b[T==255])  # 根据 T 的值,求和蓝色通道的值
    kt = np.sum(T[T==255])  # 求和 T 中的值

    rgain = rsum / kt  # 计算红色通道增益
    ggain = gsum / kt  # 计算绿色通道增益
    bgain = bsum / kt  # 计算蓝色通道增益

    Wy = 0.21267 * rgain + 0.71516 * ggain + 0.072169 * bgain # 计算 Wy 值
    outIM = np.zeros_like(inIM)  # 创建一个与输入图像同大小的零矩阵
    outIM[:,:,2] = r * Wy / rgain  # 调整红色通道的值
    outIM[:,:,1] = g * Wy / ggain  # 调整绿色通道的值
outIM[:,:,0] = b * Wy / bgain  # 调整蓝色通道的值

    return outIM.astype(np.uint8)  # 返回处理后的图像

# 调用示例代码
img = cv2.imread("1.jpg")  # 读取图像
wb_img = autoDarkWB(img)  # 对图像使用暗通道进行颜色校正
cv2.imshow("Original",img)  # 显示原始图像
cv2.imshow("White Balanced",wb_img)  # 显示白平衡后的图像
cv2.waitKey(0)
cv2.destroyAllWindows()
```

5. 双色反射模型

```
import cv2
import numpy as np
```

```
def segment_highlights(img_gray):
    # 使用 Otsu 阈值法分割出高光部分
    _,highlight_mask = cv2.threshold(img_gray,0,255,cv2.THRESH_BINARY + cv2.THRESH_OTSU)
    return highlight_mask

def double_color_reflectance_without_highlights(img):
    # 将图像转换为 float32 并归一化到[0,1]
    img = img.astype(np.float32) / 255.0

    # 获取图像的灰度版本
    img_gray = cv2.cvtColor(img,cv2.COLOR_BGR2GRAY)

    # 分割出高光部分
    highlight_mask = segment_highlights(img_gray)

    # 在原图像中去除高光部分
    img_without_highlights = img.copy()
    img_without_highlights[highlight_mask == 255] = 0

    # 计算去除高光部分的图像每个通道的平均值
    mean_val = np.mean(img_without_highlights,axis=(0,1))

    # 估计光源色彩(认为最大反射部分主要来自光源)
    illuminant_estimation = np.max(mean_val)

    # 为每个通道计算缩放因子
    scale_factors = illuminant_estimation / mean_val

    # 根据双色反射模型调整每个通道
    white_balanced_img = np.clip(img * scale_factors,0,1)

    return (white_balanced_img * 255).astype(np.uint8)

img = cv2.imread("path_to_image.jpg")
```

```
corrected_img = double_color_reflectance_without_highlights(img)
cv2.imshow("Original",img)
cv2.imshow("Corrected",corrected_img)
cv2.waitKey(0)
cv2.destroyAllWindows()
```

6. FFCC 代码

Google 开源代码链接地址：https://github.com/google/ffcc

7. FC4 代码

FC4 开源实现代码链接地址：https://github.com/yuanming-hu/fc4

8. C4 代码

C4 开源实现代码链接地址：https://github.com/yhlscut/C4

9. DS－Net 代码

DS－Net 开源代码链接地址：https://github.com/swift-n-brutal/illuminant_estimation

10. CCC 代码

CCC 开源代码链接地址：

https://github.com/swift-n-brutal/illuminant_estimation